11-079 职业技能鉴定指导书

职业标准·试题库

电 缆 安 装

（第二版）

电力行业职业技能鉴定指导中心　编

电力工程　发电厂
电气安装专业

U0251136

中国电力出版社
CHINA ELECTRIC POWER PRESS

内 容 提 要

　　本《指导书》是按照劳动和社会保障部制定国家职业标准的要求编写的，其内容主要由职业概况、职业技能培训、职业技能鉴定和鉴定试题库四部分组成，分别对技术等级、工作环境和职业能力特征进行了定性描述；对培训期限、教师、场地设备及培训计划大纲进行了指导性规定。本《指导书》自1999年出版后，对行业内职业技能培训和鉴定工作起到了积极的作用，本书在原《指导书》的基础上进行了修编，补充了内容，修正了错误。

　　试题库是根据《中华人民共和国国家职业标准》和针对本职业（工种）的工作特点，选编了具有典型性、代表性的理论知识（含技能笔试）试题和技能操作试题，还编制有试卷样例和组卷方案。

　　《指导书》是职业技能培训和技能鉴定考核命题的依据，可供劳动人事管理人员、职业技能培训及考评人员使用，亦可供电力（水电）类职业技术学校和企业职工学习参考。

图书在版编目（CIP）数据

电缆安装 / 电力行业职业技能鉴定指导中心编. —2 版. —北京：中国电力出版社，2010.11（2022.5 重印）

职业技能鉴定指导书.（11—079）职业标准试题库

ISBN 978-7-5123-0863-3

Ⅰ. ①电…　Ⅱ. ①电…　Ⅲ. ①电力电缆–电缆敷设–职业技能鉴定–习题　Ⅳ. ①TM757-44

中国版本图书馆 CIP 数据核字（2010）第 179851 号

中国电力出版社出版、发行

（北京市东城区北京站西街 19 号　100005　http://www.cepp.sgcc.com.cn）

北京雁林吉兆印刷有限公司印刷

各地新华书店经售

*

2002 年 1 月第一版

2010 年 12 月第二版　　2022 年 5 月北京第八次印刷

850 毫米×1168 毫米　32 开本　10.375 印张　264 千字

印数 14501—15000 册　　定价 **40.00** 元

电力职业技能鉴定题库建设工作委员会

主　任：徐玉华

副主任：方国元　王新新　史瑞家　杨俊平
　　　　陈乃灼　江炳思　李治明　李燕明
　　　　程加新

办公室：石宝胜　徐纯毅

委　员：（以姓氏笔画为序）

马建军　马振华　马海福　王　玉
王中奥　王向阳　王应永　丘佛田
李　杰　李生权　李宝英　刘树林
吕光全　许佐龙　朱兴林　陈国宏
季　安　吴剑鸣　杨　威　杨文林
杨好忠　杨耀福　张　平　张龙钦
张彩芳　金昌榕　南昌毅　倪　春
高　琦　高应云　奚　珣　徐　林
谌家良　章国顺　董双武　焦银凯
景　敏　路俊海　熊国强

第一版编审人员

编写人员：孟祥厚　张金龙　侯端美

审定人员：张文新　蔡　峰　罗时武

第二版编审人员

编写人员（修订人员）：

景晓东　杨会贤　郑建康

审定人员：黄宏新　修　杰　郑成德

说 明

为适应开展电力职业技能培训和实施技能鉴定工作的需要，按照劳动和社会保障部关于制定国家职业标准，加强职业培训教材建设和技能鉴定试题库建设的要求，电力行业职业技能鉴定指导中心统一组织编写了电力职业技能鉴定指导书（以下简称《指导书》）。

《指导书》以电力行业特有工种目录各自成册，于1999年陆续出版发行。

《指导书》的出版是一项系统工程，对行业内开展技能培训和鉴定工作起到了积极作用。由于当时历史条件和编写力量所限，《指导书》中的内容已不能适应目前培训和鉴定工作的新要求，因此，电力行业职业技能鉴定指导中心决定对《指导书》进行全面修编，在各网省电力（电网）公司、发电集团和水电工程单位的大力支持下，补充内容，修正错误，使之体现时代特色和要求。

《指导书》主要由职业概况、职业技能培训、职业技能鉴定和鉴定试题库四部分内容组成。其中，职业概况包括职业名称、职业定义、职业道德、文化程度、职业等级、职业环境条件、职业能力特征等内容；职业技能培训包括对不同等级的培训期限要求，对培训指导教师的经历、任职条件、资格要求，对培训场地设备条件的要求和培训计划大纲、培训重点、难点以及对学习单元的设计等；职业技能鉴定的依据是《中华人民共和国国家职业标准》，其具体内容不再在本书中重复；鉴定试题库是根据《中华人民共和国国家职业标准》所规定的范围和内容，以实际技能操作为主线，按照选择题、判断题、简答题、计算题、绘图题和论述题六种题型进行选题，并以难易程度组合排列，同时汇集了大量电力生产建设过程中具有普遍代表性和典型性的实际操作试题，构成了各工种的技能鉴定试题库。试题库的深度、广度涵盖了本职业技能鉴定的全部内容。题库之后还附有试卷样例和组卷方案，为实施鉴定命题提供依据。

《指导书》力图实现以下几项功能：劳动人事管理人员可根据《指导书》进行职业介绍，就业咨询服务；培训教学人员可按照《指导书》中的培训大纲组织教学；学员和职工可根据《指导书》要求，制订自学计划，确立发展目标，走自学成才之路。《指导书》对加强职工队伍培养，提高队伍素质，保证职业技能鉴定质量将起到重要作用。

本次修编的《指导书》仍会有不足之处，敬请各使用单位和有关人员及时提出宝贵意见。

电力行业职业技能鉴定指导中心

2009 年 12 月

目　录

1 ▼ 职业概况

1.1 职业名称

电缆安装（11—079）。

1.2 职业定义

发电厂电气电缆安装专业人员。

1.3 职业道德

敬岗爱业，刻苦钻研技术，遵守劳动纪律，爱护工具、设备，安全文明生产，诚实团结协作，尊师爱徒。

1.4 文化程度

中等职业技术学校毕（结）结业。

1.5 职业等级

本职业按照国家职业资格的规定，设为初级（国家五级）、中级（国家四级）、高级（国家四级）、技师（国家二级）、高级技师（国家一级）五个技术等级。

1.6 职业环境条件

室内及室外作业。现场就地操作时高温、严寒、大风、雨雪及高空，交叉作业和有一定的噪声、灰尘及化学污染。

1.7 职业能力特征

具有熟练阅读理解和应用施工图纸、各种技术文件、产品说明书的能力，能用精炼语言进行联系、交流工作，能熟练使用基本工器具、量具、专用机械和设备进行安装作业施工，具备一定的表述、绘图能力，具备对所从事的工作利用看、听、测、试等手段进行检查、分析、判断、解决问题的能力。

2 职业技能培训

2.1 培训期限

2.1.1 初级工：累计不少于 500 标准学时；

2.1.2 中级工：在取得初级职业资格的基础上累计不少于 400 标准学时；

2.1.3 高级工：在取得中级职业资格的基础上累计不少于 400 标准学时；

2.1.4 技师：在取得高级职业资格的基础上累计不少于 500 标准学时；

2.1.5 高级技师：在取得技师职业资格的基础上累计不少于 350 标准学时。

2.2 培训教师资格

2.2.1 具有中级以上专业技术职称的工程技术人员和技师可担任初、中级工培训教师；

2.2.2 具有高级专业技术职称的工程技术人员和高级技师可担任高级工、技师和高级技师的培训教师。

2.3 培训场地设备

2.3.1 具有本职业（工种）理论知识培训的教室和教学设备；

2.3.2 具有基本技能训练的实习场所及实际操作训练设备。

2.4 培训项目

2.4.1 培训目的：通过培训达到《职业技能鉴定规范》对本职业的知识和技能要求。

2.4.2 培训方式：以自学和脱产相结合的方式，进行基础知识讲课和技能训练。

2.4.3 培训重点：

（1）电工基础知识包括：

1）电路的基本概念和定律；

2）电阻性电路的分析计算；

3）正弦交流电路、三相交流电路基本概念、分析与计算；

4）电磁原理；

5）发电机和交、直流电动机结构、原理，变压器、断路器等的工作原理。

（2）电子技术基础包括：

1）半导体元器件结构及特性；

2）信号与放大电路、整流电路；

3）继电保护原理。

（3）钳工知识及常用工器具、机械设备的使用及规定包括：

1）钳工锯、锉、錾、钻孔等；

2）机械制图的识别与绘制；

3）电焊、气焊的基本使用；

4）电钻、万用表、切割机等及电缆专业（工种）专用电缆敷设机、弯管机等一般机械、工器具的使用及维修。

（4）电气专业常识包括：

1）电气符号、字母的意义及表示；

2）电气原理接线图，电气一次、二次系统图；

3）电气施工安装接线图；

4）发电厂、变电所设备布置及其安装、调整、运行的一般常识及规定。

（5）安全生产包括：

1）电流对人体的危害；

2）触电方式和触电保护；

3）触电急救；

4）安全用具；

5）安全措施；

6）高空作业；

7）防火与灭火；

8）接地与接零保护；

9）化学污染；

10）雷电与雷击。

（6）电缆专业知识包括：

1）电缆保护管的制作与安装；

2）电缆支吊架的制作安装、桥架安装；

3）电力电缆、控制电缆的敷设；

4）电力电缆、控制电缆的做头与接线；

5）电缆防火封堵的施工；

6）电缆带电运行及维护；

7）电缆检修与试验。

2.5 培训大纲

本职业技能培训大纲，以模块组合（MES）——模块（MU）——学习单元（LE）的结构模式进行编写，见表1；职业技能模块及学习单元对照选择见表2；学习单元名称见表3。

表1 培 训 大 纲

模块序号及名称	单元序号及名称	学习目标	学习内容	学习方式	参考学时
MU1 电缆安装工的职业道德	LE1 电缆安装工的职业道德	通过本单元学习之后，能够掌握电缆安装工的职业道德规范，自觉遵守行为规范和准则	1. 热爱祖国、敬岗爱业 2. 刻苦学习、钻研业务技术 3. 爱护设备、工器具，节约材料 4. 团结协作 5. 遵守纪律，安全文明生产 6. 尊师爱徒，严守岗位职责	自学	3

模块序号及名称	单元序号及名称	学习目标	学习内容	学习方式	参考学时
MU2 基础知识	LE2 电工基础	通过本单元学习之后，了解交流电路的组成及电磁原理，了解发电机、交直流电动机结构、变压器、断路器等的工作原理，掌握一般电路的计算与分析	1. 电路基本概念和定律 2. 电阻性电路的分析计算 3. 正弦交流电路、三相交流电路的基本概念分析与计算 4. 电磁原理 5. 发电机、电动机结构原理，变压器、断路器等工作原理	自学	60
	LE3 电子技术基础	通过本单元学习之后，了解电子元器件的结构、特性及信号与放大电路、继电保护原理	1. 半导体元器件结构及特性 2. 信号与放大电路、整流电路、继电保护原理	自学	50
	LE4 钳工知识及常用工器具、机械设备的使用及规定	通过本单元的学习之后，掌握钳工工艺及一般工器具、机械设备的使用方法	1. 钳工锯、锉、錾等 2. 机械制图的识别与绘制 3. 常用工器具的使用与维修结合	实际讲解与自学	20
	LE5 电气常识	通过本单元的学习之后，了解电气基本知识，掌握电气施工的安装、接线、调试原理，熟悉发电厂、变电所布置及设备知识	1. 电气符号、字母意义及表示 2. 电气原理接线图、电气一次、二次系统图 3. 电气施工安装接线图，发电机、变压器、断路器等主要电气设备的工作原理 4. 发电厂、变电所设备布置、基本原理及电气设备安装、调整、运行常识及规定 5. 施工安全文明、组织、预算知识	自学	60

模块序号及名称	单元序号及名称	学习目标	学习内容	学习方式	参考学时
MU3 电力安全知识	LE6 电力安全知识	通过本单元的学习之后，了解电力安全基本法规，掌握安全防护知识	1. 电流对人体的危害 2. 触电方式和触电保护 3. 触电急救 4. 安全措施，安全用具 5. 高空作业 6. 防火与灭火 7. 接地与接零保护 8. 雷电与雷击 9. 电缆安装专业（工种）安全防护 10. 动火作业票及停电作业一类、二类票的填写及使用	自学	10
MU4 电缆专业知识	LE7 电缆保护管的制作与安装	通过本单元的学习之后，了解电缆保护管及排管制作安装的技术规范，并能够按照规范及验标要求掌握电缆保护管及排管的制作安装	1. 电缆保护管制作安装技术规范 2. 电缆保护管型号、材质、规格选定 3. 电缆保护管的下料与弯制 4. 电缆保护管的安装 5. 电缆敷设安装图纸，与电缆施工有关的土建图纸	结合现场实际讲解与自学	10
	LE8 电缆支吊架的制作安装、桥架的安装	通过本单元学习之后，了解电缆支吊架制作安装、桥架安装的技术规范，并能按规程要求，掌握电缆支吊架制作安装、桥架安装工艺流程，进行施工	1. 电缆支吊架制作安装、桥架安装技术规范、检验标准 2. 电缆支吊架、桥架的型号规格、材质分类及其选用 3. 电缆支吊架下料、制作、整形配制 4. 电缆支吊架、桥架安装 5. 电缆支吊架、桥架安装图纸	结合现场实际讲解与自学	20

模块序号及名称	单元序号及名称	学习目标	学习内容	学习方式	参考学时
MU4 电缆专业知识	LE9 电力电缆、控制电缆的敷设、做头与接线	通过本单元学习之后，了解电力电缆、控制电缆的敷设、做头、接线的技术规范，并能按规程要求掌握电力电缆、控制电缆敷设、做头与接线的施工工艺，并能够进行工程施工及电缆事故的检查、分析、判断、解决	1. 电力电缆、控制电缆敷设、做头与接线的技术规范、验收标准 2. 电力电缆、控制电缆的基本构造、常用种类、分类、使用范围及选用 3. 电缆敷设方式、方法、要求及电缆敷设常用工器具的应用 4. 电缆做头接线方式、种类、制作方法及材料选用，高压、低压（220kV及以下）控制电缆头的制作 5. 发电厂及变电所设备布置图、电气设备安装图、电缆安装图及电缆敷设清册，电缆头制作安装图	结合现场实际讲解与自学	30
MU5 电缆防火封堵施工	LE10 电缆防火封堵施工	通过本单元学习之后，了解电缆防火封堵施工工艺及标准，防火封堵材料的构造、应用范围	1. 防火封堵材料的种类、构造 2. 防火封堵材料的应用范围 3. 防火封堵材料的使用方法、施工工艺	结合现场实际讲解与自学	10
MU6 电缆运行及维护	LE11 电缆运行及维护	通过本单元的学习之后，了解电缆使用应做的一些试验及试验方法、测试手段、电缆投运后应做的日常维护工作	1. 电缆带电试运行 2. 电缆投运前应做的试验内容、试验方法、手段、试验等级 3. 电缆投运后应做的日常维护工作	结合现场实际讲解与自学	10

表 2　　　　　　　職業技能模块及学習単元対照選択表

模块		MU1	MU2	MU3	MU4	MU5	MU6
内容		电缆安装工的职业道德	基础知识	电力安全知识	电缆专业知识	电缆防火封堵施工	电缆运行及维护
参考学时		3	170	10	60	16	10
适用等级		初级 中级 高级 技师 高级技师	初级 中级 高级 技师 高级技师	初级 中级 高级 技师 高级技师	初级 中级 高级 技师 高级技师	初级 中级 高级 技师 高级技师	中级 高级 技师 高级技师
学习单元 LE序号选择	初	1	2，3，4，5	6	7，8，9	10	
	中	1	2，3，4，5	7，8，9	6	10	11
	高	1	2，3，4，5	6	7，8，9	10	11
	技师	1	2，3，4，5	6	7，8，9	10	11
	高级技师	1	2，3，4，5	6	7，8，9	10	11

表 3　　　　　　　　　　学習単元名称表

序　号	单　元　名　称
LE1	电缆安装工的职业道德
LE2	电工基础
LE3	电子技术基础
LE4	钳工知识及常用工器具、机械设备的使用及规定
LE5	电气常识
LE6	电力安全知识
LE7	电缆保护管的制作与安装
LE8	电缆支吊架的制作安装、桥架的安装
LE9	电力电缆、控制电缆的敷设、做头与接线
LE10	电缆防火封堵施工
LE11	电缆运行及维护

3 职业技能鉴定

3.1 鉴定要求

鉴定内容和考核双向细目表按照本职业（工种）《中华人民共和国职业技能鉴定规范·电力行业》执行。

3.2 考评人员

考评人员分考评员和高级考评员。考评员可承担初、中、高级技能等级鉴定；高级考评员可承担初、中、高级技能等级和技师、高级技师资格考评。其任职条件是：

3.2.1 考评员必须具有高级工、技师或者中级专业技术职务以上的资格，具有 15 年以上本工种专业工龄；高级考评员必须具有高级专业技术职务，取得考评员资格并具有 1 年以上实际考评工作经历；

3.2.2 掌握必要的职业技能鉴定理论、技术和方法，熟悉职业技能鉴定的有关法律、法规和政策，有从事职业技术培训、考核的经历；

3.2.3 具有良好的职业道德，秉公办事，自觉遵守职业技能鉴定考评人员守则和有关规章制度。

鉴定试题库

4

4.1 理论知识（含技能笔试）试题

4.1.1 选择题

下列每题都有 4 个答案，其中只有一个正确答案，将正确答案填在括号内。

La5A1001 下列物质中，属于半导体的是（**C**）。

（A）锰；（B）镍；（C）锗；（D）石英。

La5A1002 与金属导体的电阻无关的因素是（**D**）。

（A）导体长度；（B）导体电阻率；（C）导体截面积；（D）外加电压。

La5A2003 三相交流电路，最大值是有效值的（**A**）倍。

（A）$\sqrt{2}$；（B）$\sqrt{3}$；（C）$1/\sqrt{2}$；（D）$1/\sqrt{3}$。

La5A2004 周期与频率的关系是（**B**）。

（A）成正比；（B）成反比；（C）无关；（D）非线性。

La5A3005 测量仪表的误差主要是由于（**A**）引起的。

（A）制造工艺上的原因；（B）读数方法不正确；（C）外电场或外磁场干扰；（D）使用的环境温度不符合要求。

La5A3006 核相就是核定两个电源之间的（**B**）是否一致。

（A）相序；（B）相位；（C）相电压；（D）线电压。

La5A3007 将 2Ω与 3Ω的两个电阻串联后，在两端加 10V 电压，2Ω电阻上消耗的功率是（**C**）W。

（A）4；（B）6；（C）8；（D）10。

La5A4008 三相异步电动机恒载运行时，三相电源电压突然下降 10%时，其电流将会（**A**）。

（A）增大；（B）减小；（C）不变；（D）变化不明显。

La5A5009 有一台三相交流发电机，发出的功率是 20kW，该发电机功率因数 $\cos\varphi=0.8$，该发电机的视在功率是（**B**）kVA。

（A）15；（B）25；（C）30；（D）32。

La4A1010 两根平行导线通过相同方向的交流电流时，两根导线受电磁力的作用方向是（**B**）。

（A）向同一侧运动；（B）靠拢；（C）分开；（D）无反应。

La4A1011 有功电能表是计量（**D**）的。

（A）有功功率；（B）无功功率；（C）视在功率；（D）有功电能。

La4A2012 按测量机构分类，电能表属于（**D**）仪表。

（A）磁电式；（B）电磁式；（C）电动式；（D）感应式。

La4A2013 使二极管产生击穿的临界电压称作二极管的（**C**）。

（A）额定电压；（B）最高工作电压；（C）反向击穿电压；（D）正向击穿电压。

La4A3014 在三相四线制保护接零系统中，单相三线插座的保护接线端可以与（**C**）相连。

（A）接地干线；（B）工作零线孔；（C）保护零线；（D）自来水或暖气等金属管线。

La4A3015 交流电路中，若电阻与电抗相等，则电压与电流之间的相位差为（**D**）。

（A）π；（B）$\pi/2$；（C）$\pi/3$；（D）$\pi/4$。

La4A3016 交流电路中，电阻所消耗的功为（**C**）。

（A）视在功率；（B）无功功率；（C）有功功率；（D）电动率。

La4A4017 多级放大电路的总放大倍数是各级放大倍数的（**C**）。

（A）和；（B）差；（C）积；（D）无法确定。

La4A5018 R、L、C 串联电路接于交流电源中，总电压与电流之间的相位关系为（**D**）。

（A）U 超前于 I；（B）U 滞后于 I；（C）U 与 I 同期；（D）无法确定。

La3A1019 如图 A-1 所示电路，恒流源为 **1A**，恒压源为 **3V**，则 **1Ω**电阻上消耗的功率为（**B**）**W**。

（A）4；（B）1；（C）3；（D）2。

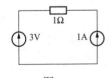

图 A-1

La3A2020 对被测电路的影响而言，电压表的内阻（**A**）。

（A）越大越好；（B）越小越好；（C）适中为好；（D）大小均可。

La3A3021 三相异步电动机铭牌上标示的额定电压是（**B**）。

（A）相电压的有效值；（B）线电压的有效值；（C）相电压的最大值；（D）线电压的最大值。

La3A3022 三相异步电动机在空载下或负荷下启动时，启动瞬间的电流是（**C**）。

（A）空载小于负荷；（B）负荷小于空载；（C）一样大；（D）不确定。

La3A4023 绝缘的击穿强度高，就是指其（**D**）。

（A）绝缘的机械强度高；（B）耐热性能好；（C）耐压；（D）耐受的电场强度高。

La2A2024 35kV 以上的高压电缆，其导体连接采用压接法时，推荐使用（**C**）。

（A）点压法；（B）六角形压接法；（C）围压法；（D）不确定。

La2A3025 交联电缆的热收缩型终端头制作中，用于改善电场分布的是（**C**）。

（A）绝缘管；（B）手套；（C）应力控制管；（D）密封胶。

La1A3026 当应力锥长度固定后，附加绝缘加大，会使轴向应力（**B**）。

（A）减少；（B）增大；（C）略有减少；（D）略有增大。

La1A2027 电缆故障测寻时脉冲波在电缆线路中的传输速度与电缆的（**B**）有关。

（A）导体截面积；（B）绝缘材料；（C）导体材料；（D）电缆结构尺寸。

La1A2028 在交流电压下，电缆绝缘层中的电场分布按介电常数 ε 成（**C**）分配。

（A）平均；（B）正比；（C）反比；（D）随机。

La1A3029 在中性点不接地电力系统中，发生单相接地时，未接地的两相对地电压升高（**A**）倍。

（A）$\sqrt{3}$；（B）$\sqrt{2}$；（C）$\sqrt{2}/2$；（D）$\sqrt{3}/3$。

La1A3030 把长度一定的导体的半径减为原来的一半，其电阻值为原来的（**C**）。

（A）2 倍；（B）1/2 倍；（C）4 倍；（D）1/4 倍。

La1A3031 单芯电缆的金属护层只在一端接地时，在金属护层任一点非直接接地处正常感应电压未采取能有效防止人员任意接触金属护层的安全措施时，不得大于（**A**）V。

（A）50；（B）55；（C）60；（D）70。

La1A4032 依照对称分量法可把三相不对称的正弦量分解为（**D**）对称分量。

（A）正序；（B）负序；（C）零序；（D）正序、负序、零序三组。

La1A5033 在 R、L、C 串联电路中，复数阻抗的模 Z=（**C**）。

（A）$\sqrt{X_L^2+(R+X_C)^2}$；（B）$\sqrt{X_C^2+(R+X_L)^2}$；

（C）$\sqrt{R^2+(X_L+X_C)^2}$；（D）$\sqrt{R^2+X_L^2+X_C^2}$。

La1A5034 户外电缆终端的外绝缘必须满足所设环境条件的要求，并有一个合适的泄漏比距。在一般环境条件下，外绝缘的泄漏比距不应小于（**C**），并不低于架空线绝缘子串的泄漏比距。

（A）10mm/kV；（B）15mm/kV；（C）25mm/kV；（D）30mm/kV。

Lb5A1035 电缆支架各横撑间的垂直净距与设计偏差应不大于（**D**）mm。

（A）2；（B）3；（C）6；（D）5。

Lb5A1036 塑料绝缘电力电缆允许敷设最低温度为（**C**）℃。

（A）–10；（B）–7；（C）0；（D）5。

Lb5A1037 厂房及沟道内电缆与热力管道、热力设备之间的净距平行时不应小于（**A**）m。

（A）1；（B）0.5；（C）2；（D）0.8。

Lb5A1038 电缆水平敷设时，控制电缆支持点间距离应符合设计要求，当设计无规定时，不应大于（**C**）mm。

（A）400；（B）600；（C）800；（D）1000。

Lb5A1039 电力电缆的电容大，有利于提高电力系统的（**B**）。

（A）线路电压；（B）功率因数；（C）传输电流；（D）传输容量。

Lb5A2040 机械敷设电缆的速度不宜超过（**C**）m/min。

（A）10；（B）20；（C）15；（D）5。

Lb5A2041 电缆管的弯曲半径不应（**D**）所穿电缆的最小允许弯曲半径。

（A）大于；（B）等于；（C）符合；（D）小于。

Lb5A2042 厂房及沟道内电缆与热力管道、热力设备之间的净距交叉时不应小于（**A**）m。

（A）0.5；（B）1；（C）0.7；（D）0.8。

Lb5A2043 厂房及沟道内在支架上敷设控缆，普通支架不宜超过（**C**）层。

（A）2；（B）3；（C）1；（D）4。

Lb5A2044 厂房及沟道内交流三芯电力电缆在桥架上不宜超过（**B**）。

（A）一层；（B）二层；（C）三层；（D）四层。

Lb5A2045 1kV 及以上的电力电缆的绝缘电阻测量时应使用（**C**）绝缘电阻表。

（A）500V；（B）1000V；（C）2500V；（D）10 000V。

Lb5A2046 电缆附件在安装前的保管，其保管期间应为（**C**）及以内。需要长期保管时，应符合有关规定。

（A）3 个月；（B）半年；（C）1 年；（D）2 年。

Lb5A3047 电缆直埋敷设时，电缆表面距地面距离不应小于（**C**）。

（A）1m；（B）0.5m；（C）0.7m；（D）1.5m。

Lb5A3048 电缆线路中电缆钢丝铠装层主要的作用是（**B**）。

（A）抗压；（B）抗拉；（C）抗弯；（D）抗腐。

Lb5A3049 并列敷设多条电缆，其中间接头位置应相互错开，其净距不应小于（**B**）。

（A）1m；（B）0.5m；（C）0.7m；（D）1.5m。

Lb5A3050 进行 **VLV22–0.6/1–3×10** 电缆中间头制作时，应选用（**B**）连接管。

（A）铝3mm^2；（B）铝10mm^2；（C）铜3mm^2；（D）铜10mm^2。

Lb5A3051 热溶胶是和热收缩电缆材料配套使用的、加热熔融的胶状物，它在热收缩电缆终端和接头中起（**C**）作用。

（A）填充；（B）压力驱散；（C）密封防潮；（D）耐油。

Lb5A4052 电缆导体连接点应有足够的机械强度，对于固定敷设的电缆，其连接点的抗拉强度应不低于电缆导体抗拉强度的（**B**）。

（A）50%；（B）60%；（C）70%；（D）80%。

Lb5A4053 电缆导体连接金具，应采用符合标准的连接管和接线端子，其内径应与电缆导体紧密配合，间隙不宜过大，截面宜为导体截面的（**B**）倍。

（A）1；（B）1.2～1.5；（C）1.1；（D）0.8。

Lb5A4054 电力电缆头制作时，接地线应采用铜绞线或镀锡铜编织线，**150mm^2** 及以上电缆的接地截面不应小于（**B**）**mm^2**。

（A）16；（B）25；（C）10；（D）35。

Lb5A4055 橡塑电缆电缆头制作时，其导体弯曲半径（**C**）（*D* 为导体绝缘层直径）。

（A）不小于10*D*；（B）不小于2*D*；（C）不小于3*D*；（D）不小于5*D*。

Lb5A4056 控制电缆敷设时，其最小弯曲半径为（**B**）（*D*

20

为电缆外径）。

（A）5D；（B）10D；（C）15D；（D）20D。

Lb5A4057 控制电缆接头制作时，导体拧接连接长度不小于（**B**）mm。

（A）10；（B）15；（C）8；（D）5。

Lb5A4058 由于电气设备对地绝缘损坏或电网导线折断落地，周围地面距离接地点越远，电位越低，可以算作零电位的距离最少应在（**B**）m 以外。

（A）10；（B）20；（C）30；（D）25。

Lb5A5059 自粘性橡胶带主要用于 **1kV** 以下的电力电缆绝缘和防水密封，使用时其拉伸率一般为（**B**）。

（A）80%；（B）100%；（C）200%；（D）300%。

Lb5A5060 相同电压的电缆并列明敷时，电缆的净距不应小于（**D**）mm，且不应小于电缆外径；当在桥架、托盘和线槽内敷设时，不受此限制。

（A）10；（B）不做规定；（C）5；（D）35。

Lb5A5061 10kV 交联热收缩型电缆附件收缩温度为（**B**）℃。

（A）80～100；（B）120～140；（C）160～170；（D）180～200。

Lb4A1062 电缆在直埋敷设时，电缆相互交叉时的最小净距为（**A**）m。

（A）0.5；（B）0.25；（C）0.7；（D）1.0。

Lb4A1063 电缆从地下引出地面时,电缆保护管埋入地面的深度不应少于(**A**)mm。

(A)100;(B)700;(C)200;(D)300。

Lb4A1064 直埋敷设的电力电缆,电缆的上下应各辅以(**D**)的软土或细砂。

(A)70mm;(B)80mm;(C)90mm;(D)100mm。

Lb4A1065 根据有关规定,表示三相交流发电机的图形符号为(**A**)。

(A)③G;(B)③F;(C)③D;(D)③C。

Lb4A1066 动力箱安装时,悬挂箱中心至地面高度一般为(**C**)m。

(A)0.6~0.8;(B)0.5;(C)1.2~1.5;(D)1.6~2。

Lb4A1067 电缆沿隧道内敷设时,其最上层横档至隧道顶或楼板最小距离为(**A**)mm。

(A)300;(B)200;(C)100;(D)50。

Lb4A2068 交联聚乙烯电力电缆的型号中,其绝缘材料的代号为(**B**)。

(A)Y;(B)YJ;(C)PVC;(D)V。

Lb4A2069 下列电缆型号中,(**C**)电缆是具有阻燃性能的交联聚乙烯电缆。

(A)ZQ22;(B)VLV22;(C)ZR–YJLW02;(D)YJY22。

Lb4A2070 电缆中间头连接管压接采用三点式围压方法时,其压制程序是(**A**)。

（A）先中间后两边；（B）先两边后中间；（C）从右向左逐次进行；（D）任意进行。

Lb4A2071 电气安装固定用螺栓露扣长度一般为（B）扣。
（A）1；（B）2～5；（C）6；（D）7。

Lb4A3072 单根 YJY–35kV–1X500 电缆不得敷设在（C）材料制作的管内。
（A）陶瓷；（B）塑料；（C）钢；（D）玻璃钢。

Lb4A3073 一般铝金属的电力设备接头过热后，其颜色会（C）。
（A）呈红色；（B）呈黑色；（C）呈灰色；（D）不变色。

Lb4A3074 配电屏内二次回路铜芯绝缘电线的截面积不应小于（C）mm²。
（A）4.0；（B）2.5；（C）1.5；（D）1.0。

Lb4A3075 低压配电盘柜安装就位时，成列盘柜盘体就位找正，其顶部水平度误差合格标准为不大于（A）mm。
（A）5；（B）2；（C）1；（D）4。

Lb4A3076 直埋敷设的 10kV 以上电力电缆间及其与控制电缆间水平接近时，最小净距为（B）m。
（A）0.10；（B）0.25；（C）0.50；（D）0.16。

Lb4A3077 直埋敷设的 10kV 及以下电力电缆间水平接近时的最小净距为（C）m。
（A）0.5；（B）0.25；（C）0.10；（D）0.6。

Lb4A3078 电流互感器二次侧 **K2** 端的接线属于（**B**）接地。

（A）工作；（B）保护；（C）重复；（D）防雷。

Lb4A3079 变压器是一种利用（**B**）原理工作的静止的电气设备。

（A）静电感应；（B）电磁感应；（C）交变感应；（D）电能传递。

Lb4A3080 三相交流母线涂刷相色时规定 **A** 相为（**C**）。

（A）红色；（B）绿色；（C）黄色；（D）黑色。

Lb4A4081 10kV 交联聚乙烯绝缘的电力电缆导体长期允许工作温度不超过（**C**）℃。

（A）60；（B）65；（C）90；（D）80。

Lb4A4082 电缆封铅用的焊料铅与锡的配比一般为（**C**）。

（A）铅 50%，锡 50%；（B）铅 60%，锡 40%；（C）铅 65%，锡 35%；（D）铅 40%，锡 60%。

Lb3A1083 铜芯电缆的导体电阻率在 **20**℃时是（**A**）。

（A）$0.017\,24\Omega \cdot mm^2/m$；（B）$0.01\Omega \cdot mm^2/m$；（C）$0.29\Omega \cdot mm^2/m$；（D）$0.031\Omega \cdot mm^2/m$。

Lb3A1084 铅护套的弯曲性能比铝护套的（**A**）。

（A）强；（B）弱；（C）相同；（D）略同。

Lb3A1085 运行中的风冷却油浸电力变压器上层油温不超过（**B**）℃。

（A）95；（B）85；（C）75；（D）60。

Lb3A2086 10kV 高压隔离开关合闸时，三相动触头与静触头应同时接触，各相前后相差不大于（**B**）mm。

（A）2；（B）3；（C）4；（D）5。

Lb3A2087 在爆炸危险场所选用穿线管时，一般选用（**A**）。

（A）镀锌水煤气钢管；（B）黑铁水煤气管；（C）塑料管；（D）铸钢管。

Lb3A2088 对树干接线方式的高压试验，其分支线数一般不超过（**B**）个。

（A）4；（B）5；（C）6；（D）8。

Lb3A2089 户内 10kV 带电裸导体裸露部分对地和相间距离应不小于（**B**）mm。

（A）100；（B）125；（C）180；（D）200。

Lb3A3090 并列运行变压器具备条件之一是各变压器的电压比应相等，实行运行时允许相差为（**A**）。

（A）±2.5%；（B）±1%；（C）±5%；（D）±10%。

Lb3A3091 鼠笼型 1000V 以下电动机绕组绝缘检查应不小于（**A**）MΩ。

（A）0.5；（B）1；（C）1.2；（D）2。

Lb3A3092 自粘性绝缘带材在进行击穿试验时，需将带材（**B**）拉伸固定。

（A）100%；（B）200%；（C）300%；（D）任意。

Lb3A3093 高压开关主要由导流部分、灭弧部分、绝缘部分及（B）组成。

（A）继电保护；（B）操动机构；（C）闭锁装置；（D）测量部分。

Lb3A3094　三相异步电动机定子三相绕组的作用是在通以三相交流电时，在电动机内部产生（C）。

（A）脉动磁场；（B）固定不变磁场；（C）旋转磁场；（D）交变磁场。

Lb3A4095　热继电器主要用于三相异步交流电动机的（B）保护。

（A）过热和过载；（B）过流和过载；（C）过流和过压；（D）过热和过压。

Lb3A5096　两个变压器间定相（核相）是为了核定（B）是否一致。

（A）相序；（B）相位；（C）相角；（D）电压。

Lb2A2097　寻测电缆断线故障通常使用（C）快速简捷。

（A）电桥法；（B）高压闪络法；（C）低压脉冲法；（D）感应法。

Lb2A2098　三相异步电动机各种减压启动方式中，最经济、适用于经常启动但结构较复杂的启动方法是（D）。

（A）电阻减压启动；（B）自耦变压器减压启动；（C）Y，d减压启动；（D）延边三角形减压启动。

Lb2A3099　调相机是向电网提供（B）电源的设备。

（A）有功；（B）无功；（C）交流；（D）直流。

Lb2A3100 为防止变压器中性点出现过电压,应在中性点装设(**B**)。

(A)接地开关;(B)避雷器;(C)电流互感器;(D)电压互感器。

Lb2A4101 带接地刀的隔离开关主刀闸与接地刀的操作顺序应为(**C**)。

(A)先合主刀闸,后合接地刀;(B)先分主刀闸,后分接地刀;(C)先分主刀闸,后合接地刀;(D)先合主刀闸,后分接地刀。

Lb1A1102 交联聚乙烯电缆绝缘的(**C**)是目前国外较先进的一种绝缘监督方法。

(A)交流耐压;(B)直流耐压;(C)在线监测;(D)电阻测量。

Lb1A1103 35kV 交联聚乙烯绝缘的电力电缆导体长期允许工作温度不超过(**C**)℃。

(A)60;(B)65;(C)90;(D)80。

Lb1A1104 110kV 电缆户内终端带电裸导体裸露部分对地距离及相间距离应不小于(**B**)mm。

(A)1000,900;(B)850,900;(C)850,1000;(D)900,1000。

Lb1A2105 XLPE 电缆金属屏蔽允许的短路电流与短路时间和(**B**)有关。

(A)导体标称面积;(B)屏蔽标称面积;(C)导体短路电流;(D)短路前电缆温度。

Lb1A2106 电压控制器主要是指（**A**）等一类电器。

（A）接触器、电磁铁、继电器、行程开关；（B）主令电器控制器、熔断器、断路器、继电器；（C）断路器、继电器、接触器、电磁铁；（D）主令电器控制器、断路器、继电器、电磁铁。

Lb1A3107 户外少油断路器三相联动的联杆中心线误差应不大于（**D**）mm。

（A）5；（B）4；（C）3；（D）2。

Lb1A3108 有重大缺陷，不能保证安全运行，泄漏严重，外观不清洁，主要技术资料不全或检修预试周期的电气设备定为（**C**）。

（A）一类设备；（B）二类设备；（C）三类设备；（D）四类设备。

Lb1A4109 电缆导体最小截面的选择，应同时满足规划载流量和通过系统最大短路电流时（**A**）的要求。

（A）热稳定；（B）动稳定；（C）电压；（D）频率。

Lb1A5110 电缆金属屏蔽层电缆限制器在系统可能的大冲击电流作用下的残压，不得大于电缆护层冲击耐受电压的（**D**）。

（A）$\sqrt{3}$；（B）$1/\sqrt{3}$；（C）$\sqrt{2}$；（D）$1/\sqrt{2}$。

Lb1A5111 质量管理小组要做到的"五有"是（**A**）。

（A）有登记、有课题、有目标、有活动、有效果；（B）有计划、有组织、有检查、有总结、有奖惩；（C）有组织、有分工、有设备、有材料、有经费；（D）有总结、有计划、有检查、有设备、有总结。

Lc5A1112　在坠落高度基准面（**C**）及以上有可能坠落的高处作业称为高空作业。

（A）1.5m；（B）1.8m；（C）2m；（D）2.5m。

Lc5A2113　用台虎钳作业时，所夹工件不得超过钳口最大行程的（**B**）。

（A）1/3；（B）2/3；（C）全程；（D）无要求。

Lc5A2114　一般电焊机的电弧电压为（**B**）V。

（A）48～72；（B）25～40；（C）72～110；（D）220～380。

Lc5A3115　脚手架的荷载不得超过（**A**）kg/m^2。

（A）270；（B）200；（C）250；（D）300。

Lc5A3116　敷设电缆时，电缆盘应架设牢固平稳，盘边缘与地面的距离不得小于（**B**）mm。

（A）30；（B）100；（C）50；（D）80。

Lc5A4117　在潮湿场所，金属容器及管道内的行灯电压不得超过（**C**）V。

（A）36；（B）24；（C）12；（D）6。

Lc5A5118　电动工具的绝缘电阻达不到（**B**）MΩ 时，必须进行维修处理。

（A）1；（B）2；（C）5；（D）10。

Lc4A1119　使用汽油喷灯时，油筒内加油不得超过油筒容积的（**B**）。

（A）1/3；（B）3/4；（C）2/3；（D）4/5。

Lc4A2120　在施工现场，机动车辆载货时，车速不得超过（**B**）km/h。

（A）3；（B）5；（C）10；（D）15。

Lc4A2121　电气工作人员至少（**C**）进行一次体格检查，有不适宜电气工作的病症者不得参加工作。

（A）1年；（B）半年；（C）2年；（D）3年。

Lc4A2122　电气工作人员因故间断电气工作连续（**C**）以上者，应重新学习《电业安全工作规程》并经考试合格后，方可工作。

（A）1年；（B）半年；（C）3个月；（D）2年。

Lc4A3123　正常情况下，允许的最高接触电压为（**B**）。

（A）30V；（B）50V；（C）70V；（D）100V。

Lc4A3124　起重机开始吊负荷时，应先用"微动"信号指挥，待负荷离开地面（**B**）cm并稳定后，再用正常速度指挥。

（A）5；（B）10～20；（C）21～25；（D）30。

Lc4A4125　安全带静负荷试验的拉力一般为（**C**）。

（A）1500N；（B）2100N；（C）2205N；（D）1850N。

Lc4A5126　高压电缆试验时应填用工作票（**B**）。

（A）电力电缆第二种工作票；（B）电力电缆第一种工作票；（C）变电站第二种工作票；（D）电力线路第二种工作票。

Lc4A5127　安全带（非牛皮带）静拉力试验周期为（**C**）。

（A）3个月一次；（B）半年一次；（C）1年一次；（D）2年一次。

Lc3A1128 在高压设备上工作，保证安全的组织措施有（**C**）。

（A）工作票制度、工作许可制度；（B）工作票制度、工作许可制度、工作监护制度；（C）工作票制度、工作许可制度、工作监护制度、工作间断、转移和终结制度；（D）工作票制度、工作许可制度、工作间断、转移和终结制度。

Lc3A2129 任何施工员发现他人违章作业时，应（**A**）。

（A）当即予以制止；（B）报告违章人员主管领导予以制止；（C）报告专职安全员予以制止；（D）报告生产主管领导予以制止。

Lc3A3130 在巡视运行中的 **10kV** 电气设备时，如果没有安全遮拦，工作人员与带电体之间最小安全距离为（**D**）**m**。

（A）0.35；（B）0.5；（C）0.6；（D）0.7。

Lc3A4131 安全灯变压器应该是（**A**）。

（A）双绕组的；（B）单绕组的；（C）自耦变压器；（D）自耦调压器。

Lc2A3132 对地电压在（**B**）及以上的开关、配电盘等电气设备，设施均应装设接地和接零保护。

（A）110V；（B）125V；（C）220V；（D）380V。

Lc1A3133 可以不填写工作票，而在配电设备上进行检修工作的情况是（**D**）。

（A）安全措施完善；（B）领导现场监护；（C）熟悉现场情况；（D）事故紧急抢修。

Jd5A1134 锯割铝、紫铜材料时，应用（**A**）。

（A）粗锯条；（B）中粗锯条；（C）细锯条；（D）均可。

Jd5A1135 在拖拉长物时，应顺长度方向拖拉，绑扎点应在物体的（**A**）。

（**A**）前端；（B）重心点；（C）后端；（D）中间。

Jd5A1136 乙炔减压表，外表面为（**C**）色。

（A）蓝；（B）绿；（C）白；（D）黑。

Jd5A2137 现用乙炔胶带的颜色为（**A**）色。

（A）黑；（B）白；（C）红；（D）绿。

Jd5A2138 现用氧气胶带的颜色为（**A**）色。

（A）红；（B）白；（C）黑；（D）绿。

Jd5A3139 焊接后，残留在焊缝中的溶渣称为（**A**）。

（A）夹渣；（B）夹杂物；（C）白点；（D）灰渣。

Jd5A3140 锉销工件时，有个速度要求，通常每分钟（**A**）次。

（A）30～60；（B）60～70；（C）70～90；（D）10～20。

Jd5A3141 在（**B**）工件上钻孔时，可不加冷却液。

（A）铝；（B）硬胶木；（C）紫铜；（D）结构钢。

Jd5A3142 在钳工錾平面时，为了易于錾削，平錾錾刃应与削进方向成（**C**）角。

（A）90°；（B）30°；（C）45°；（D）60°。

Jd5A4143 用小钻头钻小孔时，一般是根据钻头的大小来选择转速，现用 **2～3mm** 的钻头钻孔，转速可以取（**C**）r/min。

（A）2000；（B）3000；（C）1500；（D）2500。

Jd5A5144 使用麻花钻头加工铜和合金木材料时，其锋度角度为（**B**）。

（A）140°～150°；（B）110°～130°；（C）90°～100°；（D）60°～90°。

Jd4A1145 使用剪刀剪切 **1mm** 以下的薄铁板时，剪刀口的张口角度应保持在（**A**）之内，超过后，剪刀口和板料间摩擦力减小，会出现滑动。

（A）15°；（B）30°；（C）45°；（D）60°。

Jd4A1146 在工件上攻丝前应先钻孔，钻头的直径应比螺纹的内径（**B**）。

（A）相等；（B）略小些；（C）略大些；（D）不确定。

Jd4A1147 电缆管在弯制后，其弯扁程度不宜大于管子外径的（**B**）。

（A）5%；（B）10%；（C）15%；（D）20%。

Jd4A2148 铰孔的质量与铰削余量有关，若铰 **21～32mm** 直径的孔，留余量应为（**A**）mm。

（A）0.3；（B）0.5；（C）0.8；（D）0.6。

Jd4A2149 焊接时，接头根部未完全熔透的现象称为（**B**）。

（A）未熔合；（B）未焊透；（C）未焊满；（D）未焊平。

Jd4A3150 錾子的楔角一般是根据不同錾切材料而定，錾切碳素钢或普通铸铁时，其楔角 β 应磨成（**D**）。

（A）30°；（B）40°；（C）45°；（D）60°。

Jd4A3151 在管子上套丝时，直径 **1″** 以下的螺纹限套（**B**）遍。

（A）1；（B）2；（C）3；（D）4。

Jd4A3152 使用卷扬机起重物品时，起吊时留在卷筒上的钢丝绳不得小于（**C**）圈。

（A）1；（B）2；（C）3；（D）4。

Jd4A3153 试焊过程中，判断焊接电流大小是否适宜的方法之一是视察和感觉到（**B**），则认为焊接电流适用。

（A）电弧发出暴躁的声响；（B）电弧发出柔和的声音；（C）电弧冲击力；（D）电弧耀眼的光亮。

Jd4A4154 电光性眼炎是电弧光中强烈的（**B**）造成的。

（A）红外线；（B）紫外线；（C）可见光；（D）强光。

Jd4A5155 焊接厚大工件时，应（**A**）来加大火焰能量。

（A）更换较大的喷嘴；（B）提高气体压力；（C）加大氧气流量；（D）加大乙炔流量。

Jd3A1156 使用麻花钻头加工铜和铜材料时，其锋度角度为（**B**）。

（A）140°～150°；（B）110°～130°；（C）90°～100°；（D）60°～90°。

Jd3A2157 钢材在外力的作用下产生变形，外力去除后仍能恢复原状的性质称为（**A**）。

（A）弹性；（B）塑料；（C）韧性；（D）钢性。

Jd3A2158 钢材受外力而变形，当外力去除后，不能恢复原来的形状的变形称为（**B**）。

（A）弹性变形；（B）塑性变形；（C）钢性；（D）永久性变形。

Jd3A3159 氧、乙炔焊时，当混合气体流速（**C**）燃烧速度时，会发生回火。

（A）等于；（B）大于；（C）小于；（D）不确定。

Jd3A3160 焊机一次线圈的绝缘电阻应不小于（**B**）MΩ。
（A）0.5；（B）1；（C）10；（D）500。

Jd3A4161 相同材料但焊法位置不同时，选用的焊接电流也不同，下列焊法中选用电流最小的是（**D**）。
（A）平焊；（B）横焊；（C）立焊；（D）仰焊。

Jd3A5162 乙炔瓶应直立使用，对卧放的乙炔瓶在直立使用时，必须静止（**D**）min，才能使用。
（A）5；（B）10；（C）15；（D）20。

Jd2A2163 停电检修时，悬挂的临时接地线应使用（**B**）。
（A）铜绞线；（B）有透明护套的多股软铜线；（C）铝绞线；（D）多股裸铜线。

Jd2A3164 寻测电缆故障精确定点的常用方法为（**C**）。
（A）电桥法；（B）高压闪络法；（C）声测法；（D）二次脉冲法。

Jd2A3165 电气试验中的间隙性击穿故障和封闭性故障都属（**C**）性故障。

（A）断线；（B）接地；（C）闪络；（D）混合。

Jd1A3166　电缆同地下热力管交叉或接近敷设时，电缆周围的土壤温度不应超过本地段其他地方同样深度的土壤温度（**B**）℃以上。

（A）5；（B）10；（C）15；（D）12。

Jd1A2167　聚四氟乙烯带当温度超过（**A**）℃时，将产生气态有毒氟化物。因此，聚四氟乙烯带切忌碰及火焰，施工中余料必须集中处理。

（A）180；（B）200；（C）250；（D）300。

Jd1A2168　用钢丝绳牵引电缆，在达到一定程度后，电缆会受到（**B**）作用，因此在端部应加装防捻器。

（A）表面张力；（B）扭转应力；（C）直线拉力；（D）蠕变应力。

Jd1A2169　在护套交叉互联的接地方式中，护层保护器一般被安装在电缆的（**B**）位置。

（A）直线接头；（B）绝缘接头；（C）终端；（D）塞止接头。

Jd1A3170　如果电缆外护层绝缘良好，而只是在漏油处护层受损而形成接地，在此情况下可通过（**B**）来确定漏油位置。

（A）冷冻法；（B）测定外护套故障点；（C）油流法；（D）差动压力计法。

Je5A1171　金属电缆保护管采用焊接连接时，应采用（**B**）。

（A）直接焊接；（B）短管套接；（C）插接；（D）无具体要求。

Je5A1172　VLV 型号电缆的含义是（D）。

（A）交联聚乙烯绝缘铜电缆；（B）交联聚乙烯绝缘铝电缆；（C）聚氯乙烯绝缘铝电缆；（D）聚氯乙烯绝缘，聚氯乙烯护套铝电缆。

Je5A1173　YJLV22–6/6–3×150 电缆进行绝缘电阻测量时应选用（B）进行测量。

（A）500V 绝缘电阻表；（B）2500V 绝缘电阻表；（C）1000V 绝缘电阻表；（D）万用表。

Je5A1174　VLV22–1–3×25 电缆进行绝缘测量时应选用（C）进行测量。

（A）500V 绝缘电阻表；（B）5000V 绝缘电阻表；（C）1000V 绝缘电阻表；（D）万用表。

Je5A1175　KVV22–450/750–4×1.5 电缆进行绝缘测量时应选用（C）进行测量。

（A）5000V 绝缘电阻表；（B）2500V 绝缘电阻表；（C）1000V 绝缘电阻表；（D）万用表。

Je5A1176　DJYPVP–450/750–2×2×0.75 电缆进行绝缘测量时应选用（C）。

（A）5000V 绝缘电阻表；（B）2500V 绝缘电阻表；（C）1000V 绝缘电阻表；（D）万用表。

Je5A1177　DJYPV–3×2×4 型电缆中，3×2×4 的含义是（B）。

（A）2 对，每对 3 芯，每芯截面 $4mm^2$；（B）3 对，每对 2 芯，每芯截面 $4mm^2$；（C）3 对，每对 6 芯，每芯截面 $4mm^2$；（D）4 对，每对 2 芯，每芯截面 $3mm^2$。

Je5A1178 电缆线路无中间接头时，交联聚乙烯铝芯电缆短路最高允许温度为（**C**）℃。

（A）160；（B）180；（C）200；（D）230。

Je5A2179 在相同的运行条件下，电缆的载流量随着电缆条数增加而（**A**）。

（A）减小；（B）增大；（C）基本不变；（D）不变。

Je5A2180 电缆铠装层的主要作用是减少外部（**C**）对电缆的影响。

（A）综合力；（B）电磁力；（C）机械力；（D）应力。

Je5A2181 两根同规格、同型号的电缆，线路导体长度大者电阻（**A**）。

（A）大；（B）小；（C）两者相同；（D）略低。

Je5A2182 电缆敷设在水底时，尽可能使全部电缆埋设在河床下至少（**C**）m 深。

（A）2；（B）1；（C）0.5；（D）1.5。

Je5A2183 35kV 及以下三根（相）交流单芯电缆敷设时，排列方式尽可能为（**C**）。

（A）无具体要求；（B）同一水平面；（C）组成紧贴的正三角形；（D）同一垂直面。

Je5A2184 电缆热缩终端头制作时，剥切安装电缆鼻子的导线长度一般为端子孔深度加（**C**）mm。

（A）8；（B）7；（C）5；（D）6。

Je5A2185 YJV 型电力电缆型号的含义是（**A**）。

（A）交联聚乙烯绝缘，聚氯乙烯护套铜电缆；（B）交联聚乙烯绝缘，聚乙烯护套铝电缆；（C）聚氯乙烯绝缘，聚乙烯护套铜电缆；（D）聚氯乙烯绝缘，聚氯乙烯护套铜电缆。

Je5A2186 锯电缆钢带时，先在钢带上做临时绑扎，将钢带锯一环形深痕，其深度不超过钢带厚度的（A），不得一次锯透，以免损伤绝缘或铅套。

（A）2/3；（B）1/2；（C）3/4；（D）4/5。

Je5A2187 制作电缆热缩终端头时，加热热缩绝缘管的起始部位和方向，应由（A）收缩。

（A）根部向端部；（B）由外往里；（C）两边向中间；（D）中间往两边。

Je5A2188 直埋电缆应埋设于冻土层（B）。

（A）以上；（B）以下；（C）内；（D）任意处。

Je5A2189 橡塑电缆优先采用（B）Hz 作交流耐压试验。

（A）10～50；（B）20～300；（C）50～200；（D）100～200。

Je5A3190 电缆铜芯比铝芯导电性能好，同等条件下相同导线截面铜芯电缆的电阻只占铝芯电缆的（D）。

（A）40%；（B）50%；（C）30%；（D）60%。

Je5A3191 一般情况下，当电缆根数较少，且敷设距离较长时，宜采用（A）法。

（A）直埋敷设；（B）电缆沟敷设；（C）电缆隧道敷设；（D）电缆排管敷设。

Je5A3192 在进行电力电缆试验时，在（D）应测量绝缘电阻。

（A）耐压前；（B）耐压后；（C）任意时刻；（D）耐压前后。

Je5A3193 绝缘电阻在一定程度上可反映出电缆绝缘的好坏，对（**D**）电缆可以直接通过绝缘电阻的测量来判断电缆的好坏。

（A）高压；（B）铜芯；（C）铝芯；（D）低压。

Je5A3194 电缆的绝缘电阻，与绝缘材料的电阻系数和电缆的结构尺寸有关，其测量值与电缆（**C**）的关系最大。

（A）型号；（B）截面；（C）长度；（D）规格。

Je5A3195 电缆外屏蔽层的作用主要是使绝缘层和金属护套（**A**），避免在绝缘层和金属护套之间发生局部放电。

（A）有良好的接触；（B）绝缘；（C）导通；（D）增加电缆强度。

Je5A3196 电缆直埋敷设时，电缆与热力管道（管沟）及热力设备之间平行最小净距为（**D**）。

（A）0.5m；（B）1.0m；（C）1.5m；（D）2m。

Je5A3197 当空气中的相对湿度较大时，会使绝缘电阻（**D**）。

（A）上升；（B）略上升；（C）不变；（D）下降。

Je5A3198 单芯交流电缆采用（**C**）铠装。

（A）钢带；（B）磁性材料；（C）黄铜带；（D）铁皮。

Je5A3199 电缆固定时，垂直布置的电力电缆在桥架上一般每隔（**D**）mm 加以固定绑扎。

（A）800；（B）1000；（C）1500；（D）2000。

Je5A3200 电缆固定时，水平布置排成正三角形的单芯电缆每隔（**A**）mm 应加以绑扎。

（A）1000；（B）1500；（C）2000；（D）4000。

Je5A3201 厂房内桥架安装的层间垂直净距一般为（**C**）mm。

（A）100；（B）150；（C）200；（D）300。

Je5A3202 厂房内桥架安装时，桥架底部距地面高度不小于（**A**）mm。

（A）100；（B）150；（C）200；（D）300。

Je5A4203 铜芯纸绝缘铅包麻被电力电缆型号为（**B**）。

（A）ZQ20；（B）ZQ1；（C）YJV22；（D）ZLQ20。

Je5A4204 电缆保护管长度超过 **30m** 时，管内径应不小于电缆外径的（**B**）倍。

（A）2；（B）2.5；（C）3；（D）3.5。

Je5A4205 桥架安装时，钢制桥架超过（**D**）m 应加装补偿装置。

（A）15；（B）20；（C）25；（D）30。

Je5A5206 控制电缆接头制作，接地连接铜绞线截面一般不小于（**C**）mm²。

（A）1.5；（B）2.5；（C）6；（D）4。

Je5A5207 控制电缆接头制作，可以拧接连接的导体最大截面应不大于（**A**）mm²。

（A）2.5；（B）4；（C）6；（D）10。

Je5A5208　桥架安装应保证电气上的可靠连接并接地，当做主接地体时，托架一般每隔（**B**）m 应重复接地一次。

（A）5~10；（B）10~20；（C）30；（D）40~50。

Je5A5209　电缆沟两边有支架时，架间净距（通道宽）一般不小于（**B**）m。

（A）0.6；（B）0.5；（C）1；（D）1.2。

Je5A5210　电缆的金属护套，可以看成一个薄壁圆柱体同心地套在导体周围，当导体通过电流时，导体回路产生一部分磁通，不仅与导体回路相链，同时也与金属护套相链，在金属护套中产生（**C**）。

（A）热量；（B）电流；（C）感应电动势；（D）感应电流。

Je4A1211　开挖直埋电缆沟前，只有确知无地下管线时，才允许用机械开挖，机械挖沟应距运行电缆（**B**）m 以外。

（A）1.5；（B）2；（C）3；（D）0.8。

Je4A1212　5mm×2.5mm 控制电缆穿管敷设时，一般采用 φ（**B**）管径的水煤气管。

（A）16；（B）25；（C）32；（D）40。

Je4A1213　在预防性试验项目中，判断电缆是否能投运行的主要依据是（**C**）是否合格。

（A）绝缘电阻；（B）泄漏电流；（C）交、直流耐压；（D）吸收比。

Je4A1214 在有些防水要求很高的地方，选用电缆时应从技术上考虑采用（**A**）材料制作护套。

（A）PE；（B）PVC；（C）麻被；（D）橡皮。

Je4A1215 铠装的钢带、钢丝一般用（**C**）制造。

（A）中碳钢；（B）铁皮；（C）低碳钢；（D）高碳钢。

Je4A1216 检查电缆温度时，应选择（**D**）进行测量。

（A）散热条件较好处；（B）通风情况较好处；（C）无外界热源影响处；（D）散热条件较差或有外界热源影响处。

Je4A1217 电力电缆接头制作时，接地连接线截面应不小于（**B**）mm²。

（A）6；（B）16；（C）25；（D）35。

Je4A1218 25℃时，聚氯乙烯绝缘 4mm² 的铜芯电缆长期允许载流量为（**D**）A。

（A）4；（B）8；（C）10；（D）23。

Je4A2219 聚氯乙烯绝缘的电缆线路无中间接头时，允许短路时的最高温度为（**B**）℃。

（A）100；（B）120；（C）150；（D）200。

Je4A2220 绝缘体和半导体、导体的区别在于（**C**）不同。

（A）电阻；（B）导电机理；（C）电阻率；（D）导电性能。

Je4A2221 悬吊架设的电缆与桥梁构架间应有不小于（**A**）m 的净距，以免影响桥梁的维修作业。

（A）0.5；（B）1；（C）2；（D）3。

Je4A2222　桥架安装时，直线段铝合金桥架超过（**B**）m时应加装补偿装置。

（A）10；（B）15；（C）20；（D）25。

Je4A2223　排管顶部至地面的距离，厂房内一般不小于（**C**）mm。

（A）100；（B）150；（C）200；（D）400。

Je4A2224　排管顶部至地面的距离，一般地区不小于（**D**）mm。

（A）400；（B）200；（C）500；（D）700。

Je4A2225　选择电缆截面时，不仅应满足持续允许电流、短路热稳定、允许电压降，还应考虑（**D**）等的要求。

（A）额定电压；（B）绝缘要求；（C）敷设温度；（D）经济电流密度。

Je4A2226　电缆导体连接要求电阻小而稳定，连接点的电阻与同长度、同截面的导体的电阻之比值，对于新安装终端头和中间接头应不大于（**B**）。

（A）0.8；（B）1；（C）0.9；（D）1.2。

Je4A2227　若铠装电缆由下向上穿过零序互感器，电缆终端头及其地线安装在零序电流互感器之上时，接地线应（**A**）穿过零序电流互感器。

（A）自上而下；（B）自下而上；（C）不；（D）随意。

Je4A2228　10kV 的电力电缆，长度在 500m 及以下，在电缆温度为 20℃时，阻值不应低于（**D**）MΩ。

（A）10；（B）15；（C）200；（D）400。

Je4A2229　10kV 户外电缆终端头的导体部分对地距离不应小于（B）mm。

（A）125；（B）200；（C）100；（D）150。

Je4A3230　（B）的型号是 WSY–10–3×185。

（A）10kV 三芯交联聚乙烯电缆户内热缩终端头；（B）10kV 三芯交联聚乙烯电缆户外热缩终端头；（C）10kV 三芯交联聚乙烯电缆热缩接头；（D）10kV 三芯油浸低绝缘电缆热缩接头。

Je4A3231　NSY–35/1×120 表示的电缆附件是（A）。

（A）35kV 单芯交联聚乙烯电缆户内热缩终端头；（B）35kV 单芯交联聚乙烯电缆户外热缩终端头；（C）35kV 单芯交联聚乙烯电缆热缩接头；（D）35kV 单芯油浸纸绝缘电缆热缩接头。

Je4A3232　10kV、3×150mm² 交联电缆热缩型接头型号为（C）。

（A）NSZ–10/3×150；（B）WSY–10/3×150；（C）JSY–10/3×150；（D）NSY–10/3×150。

Je4A3233　10kV 交联电缆热缩型户外终端头部件及安装附件包括（A）、三孔伞裙、三叉套、密封管、绝缘管、应力管、保护固定夹、线鼻子、填充胶、相色带、地线等。

（A）单孔伞裙；（B）隔油管；（C）屏蔽网；（D）聚四氟乙烯带。

Je4A3234　35kV 交联聚乙烯电缆热缩型户外终端头部件及安装件，包括绝缘管、（C）、应力管、密封管、填充胶、硅脂膏、固定夹、地线等。

（A）三叉套；（B）相色带；（C）伞裙；（D）屏蔽网。

Je4A3235 制作高压电力电缆头时，绕包绝缘与电缆屏蔽重叠长度最小为（**D**）mm。

（A）2；（B）3；（C）4；（D）5。

Je4A3236 做电缆纸带间隙式包缠时，一般是纸带各匝的边缘间留有（**B**）mm 的间隙。

（A）0.1～0.4；（B）0.5～2；（C）3～4；（D）5～6。

Je4A3237 为了改善电缆导体表面的（**B**），高压电缆导体表面都有半导电屏蔽层。

（A）集肤效应；（B）场强分布；（C）绝缘强度；（D）机械强度。

Je4A3238 安装在电缆构筑物内的金属构件皆应用镀锌扁钢与接地装置连接，其接地电阻不应大于（**B**）Ω。

（A）12；（B）10；（C）9；（D）8。

Je4A3239 在纸绝缘电缆导体屏蔽层的外部为绝缘层，它是由许多层纸带以螺旋形式包绕而成，纸带边缘相间有 0.5～3.5mm 宽的间隙，这是为了（**B**）不致造成相邻纸带边缘的破裂。

（A）使电缆在敷设时；（B）使电缆在受到弯曲时；（C）使电缆在做头时；（D）使电缆在运输时。

Je4A3240 电缆线路无中间接头时，交联聚乙烯绝缘铜导体电缆短路时允许的最高温度为（**D**）℃。

（A）150；（B）180；（C）200；（D）230。

Je4A4241 10kV 及以下铜芯粘性纸绝缘电缆（无中间接头）短路时导体允许的最高温度为（**B**）℃。

（A）200；（B）220；（C）250；（D）280。

Je4A4242 在电缆敷设中，当各支持点的距离无设计规定时，35kV 及以上高压电缆水平敷设一般应为每隔（**D**）mm 加以绑扎固定。

（A）400；（B）800；（C）1000；（D）1500。

Je4A4243 移动高压电缆一般应停电进行，如必须带电移动，在专人统一指挥下，（**B**）移动，防止损伤绝缘。

（A）随意；（B）平正；（C）迅速；（D）快速。

Je4A4244 电缆线路有中间接头者，其短路时最高允许温度，焊锡接头为（**D**）℃。

（A）220；（B）175；（C）150；（D）120。

Je4A5245 制作 10kV–3×185 交联聚乙烯电缆热缩终端头剥除半导体层时，一般应剥除（**A**）以上的半导体层。

（A）所剥切铜带 20mm；（B）所剥切铜带 10mm；（C）所剥切铜带 5mm；（D）所剥切铜带同等长度。

Je4A5246 电缆线路有中间接头者，其短路时最高允许温度，压接接头为（**C**）℃。

（A）100；（B）120；（C）150；（D）200。

Je4A5247 高压交联聚乙烯电缆内外半导电屏蔽层的厚度一般为（**A**）mm。

（A）1～2；（B）3～4；（C）5～6；（D）7～8。

Je3A1248 热收缩型号规格为 **RSG50/25** 的热缩管材，它的内、外径收缩前后的比值为（**B**）。

（A）35/12；（B）50/25；（C）100/35；（D）35/25。

Je3A1249 电力电缆明敷电缆接头隔离板及隔板，伸出接头两端长度（无设计时）一般为不小于（**D**）mm。

（A）400；（B）300；（C）500；（D）600。

Je3A1250 自容式充油电缆应与油箱连接，其目的是使电缆内油压（**C**）。

（A）升高；（B）降低；（C）保持；（D）时高时低。

Je3A2251 电缆试验击穿的故障点，电阻一般都很高，多数属于闪络性故障，多出现在（**D**）。

（A）户内终端；（B）户外终端；（C）电缆接头内；（D）以上都有。

Je2A2252 使用绝缘电阻表测量线路的绝缘电阻，应采用（**C**）。

（A）护套线；（B）软导线；（C）屏蔽线；（D）硬导线。

Je3A2253 电缆的电容是电缆线路中一个重要参考数，它决定电缆线路中（**B**）的大小。

（A）负荷电流；（B）电容电流；（C）泄漏电流；（D）允许电流。

Je3A2254 按工作压力，充油电缆可分为低压力、中压力、高压力三种，低压力充油电缆长期工作油压为（**B**）MPa。

（A）0.3～0.8；（B）0.02～0.3；（C）1～0.5；（D）0.5～3。

Je3A2255 空心线用作（**D**）电缆的导电导体，内孔便于绝缘油的流动。

（A）交联；（B）聚氯乙烯；（C）油浸纸；（D）充油。

Je3A3256　额定电压 **1kV** 的电缆在剥切导体绝缘、屏蔽、金属护套时，导体沿绝缘表面至最近接地点的最小距离为（**A**）mm。

（A）50；（B）100；（C）125；（D）250。

Je3A3257　额定电压 **35kV** 的电缆剥切导体绝缘、屏蔽、金属护套时，导体沿绝缘表面至最近接地点的最小距离为（**D**）mm。

（A）50；（B）100；（C）125；（D）250。

Je3A3258　额定电压 **6kV** 的交联聚乙烯电力电缆直流耐压预防性试验标准为（**A**）kV。

（A）25；（B）35；（C）37；（D）30。

Je3A3259　电缆试验中，绝缘良好的电力电缆（除塑料电缆外），其不平衡系数一般应不大于（**A**）。

（A）2；（B）1.5；（C）1；（D）0.5。

Je3A3260　对 **35kV** 的电缆进线段，要求在电缆与架空线的连接处装设（**C**）。

（A）放电间隙；（B）管型避雷器；（C）阀型避雷器；（D）接地开关。

Je3A3261　电缆竖井内的电缆，巡视规定为（**B**）。

（A）1 年 1 次；（B）半年至少 1 次；（C）3 个月 1 次；（D）1 个月 1 次。

Je3A3262　当电缆加上直流电压后将产生充电电流、吸收电流和泄漏电流。随着时间的延长，有的电流很快衰减到零，有的电流降至很小数值，这时微安表中通过的电流基本只有（**C**）。

（A）充电电流；（B）吸收电流；（C）泄漏电流；（D）不平衡电流。

Je3A3263　在给故障电缆加上一个幅度足够高的（**B**），故障点发生闪络放电的同时，还会产生相当大的"啪"、"啪"放电声音。

（A）交流电压；（B）冲击电压；（C）电流；（D）脉冲电流。

Je3A3264　交联聚乙烯电缆，导体应采用圆形单线绞合紧压导体或实心导体，紧压铜铝导体尺寸均相同，标称截面（**D**）及以上导体应采用分割导体结构。

（A）200mm^2；（B）500mm^2；（C）800mm^2；（D）1000mm^2。

Je3A3265　在杂散电流密集的地方安装排流设备时，应使电缆铠装上任何部位的电位不超过周围土壤电位（**A**）V以上。

（A）1；（B）2；（C）3；（D）4。

Je3A4266　为防止电缆相互间的粘合及施工人员粘手，常在电缆皮上涂（**A**）粉。

（A）白垩；（B）石英；（C）白灰；（D）灰渣。

Je3A4267　进行变（配）电所检修时，工作许可人是（**B**）。

（A）调度员；（B）值班人员；（C）调度长；（D）值班长。

Je3A5268　电缆铅包腐蚀生成物如为痘状及有黄色、淡红色及白色时可判定铅包为（**A**）。

（A）化学腐蚀；（B）电解腐蚀；（C）杂散电流腐蚀；（D）气体腐蚀。

Je2A1269 均匀介质电缆的最小场强度出现在（**D**）。

（A）绝缘中心；（B）绝缘内表面；（C）导体表面；（D）绝缘屏蔽层内表面。

Je2A1270 均匀介质电缆的最大场强度出现在（**C**）。

（A）绝缘中心；（B）绝缘内表面；（C）导体表面；（D）绝缘屏蔽层内表面。

Je2A2271 在电缆敷设中采用防捻器可用来消除（**B**）。

（A）侧压力；（B）扭转应力；（C）摩擦力；（D）牵引力。

Je2A2272 进行工程施工预算的主要目的是通过预算确定（**D**），为企业获取最大利润。

（A）人员配制；（B）机械配制；（C）施工工期；（D）合理价格。

Je2A3273 采用（**A**）能控制和减少电缆敷设中的侧压力。

（A）增大电缆弯曲半径；（B）增大牵引力；（C）加装牵引网套；（D）减小电缆弯曲半径。

Je2A3274 以下方法中不能用来限制电晕的方法是（**B**）。

（A）采用屏蔽装置；（B）增加接头密封性；（C）瓷套上涂硅脂；（D）加装去潮装置。

Je2A4275 验收报告在电缆竣工验收结束后，应由（**A**）进行编写。

（A）施工部门；（B）设计部门；（C）运行部门；（D）监理部门。

Je2A5276 在验收过程中，当所有主要项目均符合验收标准，仅个别次要验收项目未达到验收标准，但不影响设备正常运行时，验收评定成绩应给予（**B**）。

（A）优；（B）良；（C）及格；（D）不及格。

Je1A1277 充油电缆当漏油量很小，其他方法测量漏油点效果不好时，可采用（**C**）进行测量。

（A）油压法；（B）油流法；（C）冷冻法；（D）差动压力计法。

Je1A1278 单芯高压电缆金属护层交叉互联应使用（**B**）电缆。

（A）单芯；（B）同轴；（C）低压；（D）普通。

Je1A1279 电缆地理信息管理系统称为（**B**）。

（A）GPS 系统；（B）GIS 系统；（C）ABS 系统；（D）DOS系统。

Je1A2280 长距离的高压交流单芯电缆线路中，采用（**D**）接地方式效果更好一些。

（A）护套一端接地；（B）护套两端接地；（C）电缆换位；（D）金属护套交叉互联。

Je1A2281 较短的单芯电力电缆线路金属护套接地方式宜采用（**B**）。

（A）一端接地，另一端悬空；（B）一段接地，另一端经护层保护器接地；（C）两端经护层保护器接地；（D）不接地。

Je1A2282 直流耐压试验电压为 **50kV**，要求高压整流硅堆的额定反峰不得低于（**C**）。

（A）50kV；（B）25kV；（C）100kV；（D）200kV。

Je1A2283 电缆安装在桥梁上时，桥境两端和伸缩处的电缆应留有松弛长度，以防止电缆由于桥梁结构（**C**）而受到损坏。

（A）振动；（B）外损；（C）胀缩；（D）沉降。

Je1A2284 一条由三相单芯高压电缆组成的线路长 **350m**，采用（**D**）的接地方式比较经济、合理。

（A）护套一端直接接地；（B）护套两端直接接地；（C）护套交叉互联接地；（D）护套一端直接接地，另一端经护层保护器接地。

Je1A2285 使用绝缘电阻表测量绝缘电阻，正常摇测转速为（**B**）r/min。

（A）90；（B）120；（C）150；（D）180。

Je1A3286 110kV 电缆线路参数要求，正序、零序阻抗，导体与金属屏蔽间的电容，其值应不大于设计值的（**B**）。

（A）5%；（B）8%；（C）12%；（D）15%。

Je1A3287 电缆交叉互联系统做交接试验，在金属护套对护套有绝缘要求的重要电缆线路，其绝缘电阻的测试应（**C**）一次。

（A）3个月；（B）半年；（C）1年；（D）1年半。

Je1A3288 电缆工程概、预算费由安装工程费、其他工程费、（**A**）和预备费等组成。

（A）辅助设施工程费；（B）人工费；（C）机械费；（D）材料费。

Je1A3289 知道了工程预算定额基价后，还必须乘以

（**D**），才能最终构成预算费用的总额。

（A）劳动保险基金；（B）设计变更量；（C）施工工日；（D）工程总量。

Je1A4290 预算编审人员要根据预算规定制度、定额及指标变化，及时更新（**C**），以保证工程预算编制的正确性。

（A）流动资金贷款利率；（B）施工管理费用率；（C）调整系数；（D）人员工资系数。

Jf5A1291 （**D**）V 及以下的电压称为安全电压。

（A）12；（B）72；（C）45；（D）36。

Jf5A1292 从安全技术方面，通常把对地电压在（**D**）V 以下者称为低压。

（A）220；（B）380；（C）250；（D）1000。

Jf5A2293 遇带电电气设备着火时，应使用（**C**）进行灭火。

（A）泡沫灭火器；（B）砂子；（C）干粉灭火器；（D）水。

Jf5A2294 电焊机的外壳必须可靠接地，接地电阻规定不得大于（**C**）Ω。

（A）10；（B）5；（C）4；（D）1。

Jf5A3295 氧气、乙炔气瓶与明火的距离不得小于（**B**）m。

（A）5；（B）10；（C）8；（D）6。

Jf5A3296 使用氧、乙炔气瓶作业时，气瓶间及气瓶与砂轮机，电气开关等散发火花的地点不得少于（**B**）m。

（A）3；（B）5；（C）4；（D）6。

Jf5A3297 登高作业使用的脚扣，其静负荷试验周期为（**B**）。

（A）3个月；（B）半年；（C）1年；（D）2年。

Jf5A4298 触电者神志不清，呼吸停止，心脏尚有跳动，此时应即对其施行（**D**）。

（A）胸外挤压法；（B）仰卧压胸法；（C）俯卧压胸法；（D）人工呼吸法。

Jf5A4299 触电者心脏停止跳动，但有极微弱呼吸时，应立即对其施行（**D**）。

（A）人工呼吸法；（B）仰卧压胸法；（C）心肺复苏法；（D）胸外按压法。

Jf5A4300 当电缆沟漕开挖深度达到（**C**）m 及以上时，应采取防止土层塌方的安全措施。

（A）0.7；（B）1.0；（C）1.5；（D）2.0。

Jf4A1301 试验现场应装设围栏，向外悬挂（**B**）警示牌，并派人看守，勿使外接近或误入试验现场。

（A）禁止合闸，有人工作；（B）止步，高压危险；（C）禁止攀登，高压危险；（D）已送电，严禁操作。

Jf4A1302 施工时挖掘到电缆保护板后，应有（**B**）在现场指导，方可继续进行，以防误伤电缆。

（A）负责人员；（B）经验的人员；（C）挖沟的人员；（D）委派人。

Jf4A2303 在 10kV 及以下带电设备附近工作时，工作人员工作中正常活动范围与设备带电部分的安全距离为（**C**）m。

（A）0.25；（B）0.15；（C）0.35；（D）0.2。

Jf4A2304 在焊接、切割地点周围（**D**）m 范围内，应清除易燃易爆物品。

（A）2；（B）3；（C）4；（D）5。

Jf4A3305 安全监察体系要求建立以施工班组安全员、施工部门安全员和（**A**）为主体的三级安全网络。

（A）施工部门安全第一责任者；（B）施工部门技术负责人；（C）上级部门安全监察员；（D）上级部门技术负责人。

Jf4A3306 操作人在执行操作票的过程中，发现操作票上填写的内容有错误，应（**D**）。

（A）改正错误；（B）按正确任务施工；（C）同监护人协商执行；（D）拒绝执行。

Jf4A3307 砂轮机托架与砂轮片的间隙应经常调整，最大不得超过（**C**）mm。

（A）5；（B）4；（C）3；（D）1。

Jf3A1308 金属容器焊接切割工作时，应设通风装置，内部温度不得超过（**B**）℃。

（A）30；（B）40；（C）45；（D）50。

Jf3A2309 钢丝绳套连接时一般采用（**C**）。

（A）焊接；（B）压接；（C）叉接；（D）系扣连接。

Jf3A3310 遇有（**A**）级以上大风时，严禁在同杆塔多回路中进行部分线路停电检修工作。

（A）5；（B）6；（C）3；（D）4。

Jf3A3311 当风力达到（**B**）级及以上时，不得进行起吊作业。

（A）5；（B）6；（C）7；（D）4。

Jf3A3312 焊接电缆的作用是传导焊接电流，它应柔软易弯，具有良好的导电性能，通常焊接电缆的长度不应超过（**A**）m。

（A）20～30；（B）50～60；（C）70～80；（D）100。

Jf3A4313 在带电区域使用喷灯或喷枪时，火焰与带电部分的最小距离，在10kV及以下时为（**D**）m。

（A）2；（B）0.5；（C）0.3；（D）1.5。

Jf2A2314 电业安全组织措施指工作票制度、（**C**）、工作监护制度、工作间断、转移和工作终结制度。

（A）装设接地线；（B）悬挂标示牌；（C）工作许可制度；（D）停电。

Jf2A3315 起重作业时，臂架、吊身、辅具、钢丝绳及重物等与架空输电线的最小距离，35～110kV为（**D**）m。

（A）2；（B）1.5；（C）3；（D）4。

Jf2A3316 起重作业时，臂架吊身、辅具、钢丝绳及重物等与架空输电线的最小距离，1kV以下为（**D**）m。

（A）0.8；（B）1；（C）2；（D）1.5。

Jf1A2317 电焊烟尘中含有7%～16%的二氧化硅，长期吸入大量二氧化硅会造成（**B**）。

（A）贫血；（B）硅肺病；（C）鼻腔溃疡；（D）气管炎。

Jf1A2318 高压交联聚乙烯电缆终端和接头的制作现场，

一般要求空气相对湿度应不超过（**B**）。

（A）80%；（B）70%；（C）60%；（D）50%。

Jf1A2319 单芯电缆平行敷设所用回流线的截面，应按系统单相接地故障电流大小和持续时间来选择，一般用（**D**）mm² 的绝缘导线。

（A）25～35；（B）50～95；（C）120～185；（D）240～400。

Jf1A2320 使电缆随热胀冷缩可沿固定处轴向有角度变化或稍有横向位移的固定方式称为（**C**）固定。

（A）机械；（B）刚性；（C）挠性；（D）蛇形。

Jf1A3321 应用感应法查找电缆故障时，施加的电流频率为（**D**）。

（A）工频；（B）低频；（C）高频；（D）音频。

Jf1A4322 机械敷设铜芯电缆，作用在电缆牵引端上的最大允许牵引应力为（**D**）N/mm²。

（A）7；（B）10；（C）40；（D）70。

4.1.2 判断题

判断下列描述是否正确,对的在括号内打"√",错的在括号内打"×"。

La5B1001 三相交流电是由三个频率相同、电动势振幅相等、相位相差 120°角的交流电路组成的电力系统。(√)

La5B1002 在三相交流电路中,最大值是有效值的 $\sqrt{3}$ 倍。(×)

La5B2003 电压互感器的二次额定电压为 100V。(√)

La5B2004 测量 1000V 以下电缆的绝缘电阻应使用 2500V 绝缘电阻表。(×)

La5B3005 三相电动势的相序排列序是 A—C—B 的称为负序。(√)

La5B3006 把电路元件并列接在电路上两点间的连接方法称为并联电路。(√)

La5B3007 在三相电路中,流过每根端线的电流叫做线电流。(√)

La5B4008 介电常数的增大将使电缆的电容电流减少。(√)

La5B5009 在具有电阻和电抗的电路中,电压与电流有效值的乘积称为视在功率。(√)

La4B1010 只要有电流存在,其周围必然有磁场。(√)

La4B1011 线圈的电感与其匝数成正比。(√)

La4B2012 W 和 kW·h 都是功的单位。(×)

La4B2013 电源电动势的方向是由低电位指向高电压。(√)

La4B3014 NPN 三极管具有电流放大作用,它导通的必要条件是发射结加反向电压,集电结加正向电压。(×)

La4B3015 电容器具有隔直流、通交流的性能。(√)

La4B4016 载流导体在磁场中受到力的作用。（√）

La4B5017 空气在标准状态下、均匀电场中的击穿强度为 30kV/cm。（√）

La4B5018 正弦交流电的三种表示方法是解析法、曲线法、旋转矢量法。（√）

La3B2019 电流互感器的二次回路中，应装设熔断器。（×）

La3B3020 电力系统发生故障时，电流会增大，特别是短路点与电源间直接联系的电气设备上的电流会急剧增大。（√）

La3B3021 三极管的输出特性曲线，可划为三个区，即截止区、饱和区、放大区。（√）

La3B4022 电子既不能创造，也不能消失，只能从一个位置转移到另一个位置。（√）

La3B5023 当发生单相接地短路时，零序电压的大小等于非故障相电压向量和的 1/3。（√）

La2B1024 电容器充电后，移去直流电源，把电流表接到电容器的两端，则指针会来回摆动。（×）

La2B2025 电缆主绝缘的耐压试验，可选用串联谐振或变频谐振进行耐压试验。（√）

La2B3026 铜和铜或铝母线搭接时，在任何情况下，铜的搭接面不必搪锡。（×）

La2B4027 自感电流永远和外电流的方向相反。（×）

La2B5028 变压器不但能把交变的电压升高或降低，而且也能把恒定的电压升高或降低。（×）

La1B1029 电力系统发生故障时，其短路电流为电容性电流。（×）

La1B2030 在交流电路中，磁通与电压的关系是滞后90°。（√）

La1B3031 电气设备安装图必须包括一次系统接线图、平面布置图和剖面图、二次系统图和安装图以及非标准件的大样

图。（√）

La1B4032 高压电缆户外终端瓷套管的安装，一般应在良好的天气、相对湿度低于70%时，无灰、烟、尘土的清洁场所进行。（√）

La1B5033 侧压力是电缆在被牵引时弯曲部分受到的压力。盘装电缆横置平放，或筒装、圈装电缆，其下层电缆受到上层电缆的压力，不能称为侧压力。（×）

La1B5034 电介质在电场作用下的物理现象主要有极化、电导、损耗和击穿。（√）

La1B5035 在星形连接的三相绕组中，三个绕组末端连在一起的公共点叫做中性点。（√）

Lb1B5036 电缆接地线截面应不小于 $16mm^2$，在没有多股软铜线时，可用多股铝绞线代替。（×）

Lb5B1037 电缆的铠装层的作用，主要是防止外力破坏。（√）

Lb5B1038 交联电缆的优点是绝缘性能好，允许工作温度高。（√）

Lb5B1039 塑料电缆内部有水分侵入是不会影响使用的。（×）

Lb5B2040 电缆线路与电力系统接通前必须进行核相。（√）

Lb5B2041 电力电缆和控缆不应配置在同一层支架上。（√）

Lb5B2042 电缆最小允许弯曲半径与电缆外径的比值与电缆的种类、护层结构、芯数有关。（√）

Lb5B2043 电力电缆运行的可靠性，不如架空电力线路好。（×）

Lb5B2044 10kV 及以下电缆与控制电缆水平接近且不做屏蔽保护时的最小净距为 0.25m。（×）

Lb5B2045 电缆铅包对于大地电位差不宜大于 2V。（×）

Lb5B2046 相同种类且护层结构一样的电缆,其最小允许弯曲半径只与电缆的外径有关,与其他无关。(×)

Lb5B3047 充油电缆是利用补充浸渍原理来消除绝缘层中形成的空隙,以提高工作场强的一种电缆。(√)

Lb5B3048 多条并列运行的电缆,铠甲上也会因三相电流分配严重不均而发热。(√)

Lb5B3049 在外电场作用下,电介质表面或内部出现荷电的现象叫做极化。(√)

Lb5B3050 半导电材料是在绝缘材料中加入炭黑组成的。(√)

Lb5B3051 材料受力后变形,我们把撤力后消失的变形称为塑性变形,不能消失永久保留的变形称为弹性变形。(×)

Lb5B3052 交联聚乙烯绝缘钢带铠装聚氯乙烯护套电力电缆的型号是 YJLV22、YJV22。(√)

Lb5B3053 对于橡塑电缆,校验潮气以导线内有无水滴作为判断标准。(×)

Lb5B3054 导体的电阻与温度无关。(×)

Lb5B4055 过负荷电流的大小和过负荷时间长短的不同对电缆的危害程度也不同。(√)

Lb5B4056 功率因数通常指有功功率与视在功率的比值。(√)

Lb5B5057 只要微安表处于高压侧,其泄漏试验就不受杂散电流的影响。(×)

Lb5B5058 电缆在运行中,只要监视其负荷不要超过允许值,不必监测电缆的温度,因为这两者是一致的。(×)

Lb5B5059 电力电缆的火灾事故主要是由于外界火源和电缆故障引起的,聚氯乙烯具有自熄性。在电缆沟中只要所有电缆都采用聚氯乙烯外护套,就能避免火势蔓延。(×)

Lb4B1060 聚氯乙烯绝缘钢带铠装聚氯乙烯护套电力电缆的型号为铜 VLV22,铝 VV22。(×)

Lb4B1061 在电缆沟中两边有电缆支架时，架间水平净距最小允许值为1m。（×）

Lb4B1062 电缆相交叉时如果有一电缆穿入管中，相互交叉距离不作规定。（√）

Lb4B1063 电缆相互交叉时，如果在其交叉点前后1m范围内用隔板隔开时，其间净距可降为0.25m。（√）

Lb4B2064 电缆终端上应有明显的相色标志，且应与系统的相位一致。（√）

Lb4B2065 在重要的电缆沟和隧道中，按要求分段或用软质耐火材料设置防火墙。（√）

Lb4B2066 组装后的钢结构竖井，其垂直偏差不应大于其长度的2/1000，水平误差不应大于其宽度的2/1000。（√）

Lb4B2067 铝合金桥架在钢制支吊架上固定时，应有防电化腐蚀的措施。（√）

Lb4B2068 6～10kV黏性油浸纸绝缘铅包电缆最大允许敷设位差是25m。（×）

Lb4B2069 单芯电力电缆的排列应组成紧密的三角形并扎紧。（√）

Lb4B2070 控制电缆在普通支架上，不宜超过一层，桥架不宜超过三层。（√）

Lb4B3071 使用喷灯前应进行各项检查，并拧紧加油孔，螺丝不准有漏气、漏油现象，喷灯未烧热前不得打气。（√）

Lb4B3072 室内线路敷设，严禁利用大地作中性线而形成回路。（√）

Lb4B3073 以安全载流量计算出的导线截面，只考虑导线自身的安全，不考虑导线末端的电压降。（×）

Lb4B3074 断线并接地故障，是有一芯或多芯断开而且接地的故障。（√）

Lb4B3075 聚四氟乙烯带有优良的电气性能，用它作为中间头的绝缘，可使接头尺寸大为缩小。（√）

Lb4B3076 电缆线路中间有接头者,其短路时允许强度规定为焊锡接头 120℃。(√)

Lb4B3077 电缆接地就是通过接地线将电缆的金属护套等金属外壳与大地直接连接在一起。(√)

Lb4B3078 电缆铠装层的作用是防止外力损坏。(×)

Lb4B3079 过负荷可导致电缆线路的事故率增加,但并不缩短电缆的使用寿命。(×)

Lb4B4080 绝缘材料的耐热等级,根据某极限工作温度分为七级,其中 Y 为 90℃,E 为 120℃。(√)

Lb4B4081 两种不同金属接触的腐蚀电池作用,不会引起接触不良。(×)

Lb4B4082 由于负荷电流的变化、气温变化及自然环境的影响,各接点接触电阻也会不同程度地相对增大。(√)

Lb4B5083 爆炸性气体、可燃蒸气与空气混合形成爆炸性气体混合的场所,按危险程度分为 0、1、2 三个区域等级。(√)

Lb4B5084 若铠装电缆由下向上穿过零序互感器,电缆终端头及地线安装在零序电流互感器之上时,接地线应自上而下穿过零序电流互感器。(√)

Lb4B5085 电缆的损耗有导体的损耗、介质损耗、金属护套的损耗和铠装层的损耗。(√)

Lb3B1086 同步发电机是一种转速不随负荷而变化的恒转速电机。(√)

Lb3B2087 在电缆金属护套的交叉换位互联接地中,应使用绝缘塞止接头。(×)

Lb3B2088 电缆连接管的截面积应为导体截面的 1.0～1.5 倍。(√)

Lb3B2089 电力电缆比架空电力线路的电容大,有助于提高功率因数。(√)

Lb3B3090 连接电缆与电缆的导体、绝缘屏蔽层和保护层,以使电缆线路连接的装置,称为电缆中间接头。(√)

Lb3B3091 在一次系统接线图上，电缆是用虚线表示的。（√）

Lb3B3092 对金属套内有空隙的电缆（如波纹铝套电缆），每盘电缆金属套内可充入氮气，以便于发现电缆在运输过程的损伤。（√）

Lb3B4093 或门电路是一种具有多端输入和单端输出的电路，其特点是所有输入端都有信号输入其输出端才有信号输出。（×）

Lb3B4094 电力电缆的终端设计，主要需考虑改善电缆终端的电场分布。（√）

Lb3B5095 当进行高压试验时，不得少于 2 人，并应保持联系，有异常情况应立即断电检查。（√）

Lb3B5096 在安装 35kV XLPE 电缆三芯户内冷缩终端时，为了防止铜屏蔽带被冷缩塑料芯拉走，须用 PVC 带将把半导电带与铜屏蔽全部包住。（×）

Lb2B1097 三相两元件电能表用于三相三线制供电系统中，不论三相负荷是否平衡，均能准确测量。（√）

Lb2B2098 6kV 三相交流电动机的过负荷和短路保护普遍采用反时限过流保护装置。（√）

Lb2B3099 在高压配电系统中，用于接通或断开有压无负荷电流的开关用断路器，用于接通和断开有负荷电流的开关用负荷开关。（×）

Lb2B4100 频繁操作的高压电机的断路器，最好采用真空断路器。（√）

Lb2B5101 变压器的接线组别 YN，d11 是代表一、二次侧电压相位。（√）

Lb1B1102 电动机的热继电器是切断短路电流的装置，熔断器是切断过负荷电流的装置。（×）

Lb1B2103 电压继电器是一种按一定线圈电压值而动作的继电器，电压继电器在电路中与电源并联使用。（√）

Lb1B2104 大长度水底电缆，为适应现场敷设施工的要求，应当是整根电缆，但允许有若干工厂制作的软接头。（√）

Lb1B2105 吸收比是判断某些绝缘好坏的一个主要因素，吸收比大，则绝缘不好；吸收比小，则绝缘好。（×）

Lb1B2106 电缆的绝缘厚度，无论电压高低，截面大小，都取决于绝缘材料的击穿强度。（×）

Lb1B2107 绝缘材料的电阻随温度的升高而升高，金属导体的电阻随温度的升高而降低。（×）

Lb1B2108 单芯交流电缆的护层不可采用钢带铠装。（√）

Lb1B3109 110kV 以上运行中的电缆，其试验电压为 5 倍额定电压。（×）

Lb1B3110 将铝护套制成波纹铝包是为了提高其机械强度。（×）

Lb1B3111 电缆的绝缘结构与电压等级有关，一般电压等级越高，绝缘越厚，但不成正比。（√）

Lb1B3112 电缆在恒定条件下，其输送容量一般是根据它的最高工作温度来确定的。（√）

Lb1B3113 直流电机从产生磁场的方式看可分为自励和他励，自励又分为串励、并励、复励三类。（√）

Lb1B4114 用于差动回路的电流互感器应为 D 级，用于测量回路的应为 0.5 级，过流保护回路应为 1 级。（√）

Lb1B4115 单芯电缆会因导体电流与金属护套间产生的磁通而使金属护套上产生感应电压。（√）

Lb1B4116 当电缆导线中有雷击和操作过电压冲击波传播时，电缆金属护套会感应产生冲击过电压。（√）

Lc5B1117 手持式电动工具（不含Ⅱ类）必须按要求使用漏电保护器，以保证安全。（√）

Lc5B2118 冲击电钻装上普通麻花钻头就能在混凝土墙上钻孔。（×）

Lc5B2119 强度稍高于母材的各种结构钢焊条不可以相

互代用。（×）

Lc5B3120 控制电缆终端可采用一般包扎，接头应有防潮措施。（√）

Lc5B3121 电缆内护层的作用是使绝缘层不会与水、空气或其他物体接触，防止绝缘受潮和绝缘层不受机械伤害。（√）

Lc5B3122 在汽轮机内做完功的蒸汽叫乏汽。（√）

Lc5B4123 运行人员在高压回路使用钳形电流表的测量工作，应由两人进行。非运行人员测量时，应填用变电站（发电厂）第一种工作票。（×）

Lc5B5124 在运行的电气设备上操作必须由两人执行，由工级较低的人担任监护，工级较高的人进行操作。（×）

Lc4B1125 三视图的投影规律，可总结为长对正、高平齐、宽相等。（√）

Lc4B2126 电气设备对地电压 250V 及以上为高压，对地电压 250V 以下为低压。（×）

Lc4B2127 电气设备倒闸操作，必须填写操作票，由一人操作即可。（×）

Lc4B3128 线路临时检修完毕后，可即时送电。（×）

Lc4B3129 在运输装卸电缆过程中，可将电缆盘平放运输。（×）

Lc4B4130 闪络性故障大部分发生于电缆线路运行前的电气试验中，并大都出现于电缆内部。（×）

Lc4B5131 平面锉削方法一般有交叉锉、顺向锉、推锉。（√）

Lc3B1132 对于电磁调速异步电机，励磁电流越大，输出转矩越大。（√）

Lc3B2133 转动着的发电机、调相机及励磁机，即使未加励磁，也应视为有电压。（√）

Lc3B3134 发电机并列时，其电压、频率、相位与运行系统的电压、频率、相位，有任一个相同即可并列。（×）

Lc3B4135　发电机及具有双回路电源的系统，并列运行前应核相。（√）

Lc3B5136　大型主变压器投入运行的主要项目是五次全电压冲击、并列、带负荷。（√）

Lc2B1137　发电机准同步并列的三个条件是：待并发电机与电力系统的电压相同、频率一致、相位一致。（√）

Lc2B2138　为了保证电力系统运行的经济性，要不断降低煤耗率、厂用电率、线损耗。（√）

Lc2B3139　工作票签发人可以作为工作票负责人。（×）

Lc2B4140　文明施工中的"五清"是指谁干谁清、随干随清、每日一小清、每周一大清、工完料尽场地清。（√）

Lc2B5141　根据运行经验，聚乙烯绝缘层的破坏原因，主要是老化。（√）

Lc1B1142　施工场地四周只设置安全用具，如红、白安全带、栏杆作为警告标志即可。（×）

Lc1B2143　全面质量管理的基本特点是把从过去的事后检查转变为事前预防，即从管结果变为管因素。（√）

Lc1B3144　砂轮片的有效半径磨损到原半径的 1/2 时，方可更换。（×）

Lc1B4145　企业管理的自然属性，在于发展生产力，这在任何社会形态下都是相同的。（√）

Lc1B5146　高处作业的级别划分：2～5m 为一级高空作业；5～15m 为二级高空作业；15～30m 为三级高空作业；30m 以上为特级高空作业。（√）

Lc1B5147　在变电所中，母线是电气主接线的重要组成部分。母线的作用是汇集、传输和分配电能。（√）

Lc1B5148　在全部停电或部分停电的电气设备上工作，保证安全的技术措施包括：停电、验电、装设接地线、悬挂标示牌和装设遮拦。（√）

Jd5B1149　主视图是画三视图的关键，主视图一定，俯视

图和左视图就定了。（√）

Jd5B1150 电缆敷设图主要由起始位置、电缆型号、电缆编号和电缆长度所组成。（×）

Jd5B1151 选用锯条锯齿的粗细，可以按切割材料的厚度和软硬来选用。（√）

Jd5B2152 活动扳手和管子钳的规格是以其全长尺寸来代表的。（√）

Jd5B2153 使用台虎钳时，所夹工件厚度不得超过钳口最大行程的 2/3。（√）

Jd5B3154 在选择钻床转速时，随着钻头直径的增大，钻床转速应适当增大。（×）

Jd5B3155 推锉时，不要撞击手把，否则锉柄滑出跳起，容易发生工伤事故。（√）

Jd5B3156 含碳量越高的钢，其焊接性能越好。（×）

Jd5B3157 錾子的夹角，用于加工一般碳素结构钢时，其尖角应控制在 50°～60°之间。（√）

Jd5B4158 电焊条牌号 J422，其中"J"表示结构钢焊条。（√）

Jd5B5159 气割时，金属燃烧点要低于它的熔点，不然金属在燃烧前将先熔化而变成熔割过程。（√）

Jd4B1160 电气一次原理图一般由主变压器、断路器、隔离开关、电流互感器、电压互感器、避雷器及母线输电导线等设备所组成。（√）

Jd4B1161 在刮削过程中或完工后，都要检查点子数和平直度，一般的固定连接面应不少于 4～6 个点子。（√）

Jd4B1162 不明重量且埋在地下或冻结在地面上的物件不得起吊。（√）

Jd4B2163 滚动电缆盘时必须顺着电缆盘上的箭头指示或电缆缠紧方向。（√）

Jd4B3164 电缆沟内的金属结构物均应全部热镀锌或涂

以防锈漆。（√）

Jd4B3165 交联热收缩电缆附件电气性能优越、体积小、质量小、安装简便、材料配套等优点。（√）

Jd4B3166 导体的损耗主要由截面和导电系数来决定。（√）

Jd4B4167 在测定绝缘电阻吸收比时，应该先把绝缘电阻表摇到额定转速，再把火线引搭上，并从搭上时开始计算时间。（√）

Jd4B5168 临界电流密度、临界磁感强度和临界温度称为超导体材料三个主要特性参数。（√）

Jd3B1169 电力电缆高压试验变更接线或试验结束时，应首先对设备放电，并将升压设备的高压部分放电、短路接地。（×）

Jd3B2170 相对编号法在安装接线图中表示，甲、乙设备之连接不需要画连接线，只需在接线端子标出相对的符号即可。（√）

Jd3B3171 机械制图中，尺寸基准一般用大的端面、底面、对称平面，回转轴线和对称中心线等。（√）

Jd3B3172 麻花钻的钻头结构有后角，而后角的作用是减少后刀面与加工表面的摩擦。（×）

Jd3B4173 为了保证焊透，同样厚度的 T 形接头应比对接接头选用的焊条直径细。（√）

Jd3B5174 人手工气焊接时，气焊丝只做焊缝的填充金属用。（√）

Jd2B1175 电缆施工图主要由电缆敷设图、安装图、电缆清册三部分所组成。（√）

Jd2B2176 原理接线图是用来说明二次回路的动作原理的，能使交流回路分开表示。（×）

Jd2B3177 桥形接线是双母线的一种变形接线。（×）

Jd2B4178 常用的二次安装图有原理图、展开图、端子排

图、屏面布置图和安装接线图。（√）

Jd2B5179　只有电缆敷设图而没有土建施工图也可以埋好电缆保护管。（×）

Jd1B1180　欲用压降法测量 R 的准确值可采用如图 B-1 所示接线。（√）

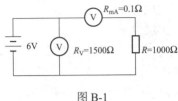

图 B-1

Jd1B2181　用绝缘电阻表摇测电阻时，如果接地端子 E 与线路端子 L 互换接线，测出的绝缘电阻与际值相同。（×）

Jd1B2182　为了确保橡胶预制件对交联聚乙烯绝缘有足够的界面压力，交联聚乙烯绝缘外径和橡胶预制件内径应有一定的过盈配合。（√）

Jd1B2183　当交联聚乙烯导体内浸入水分时，用来作为真空去燥的干燥介质可用氮气或干燥空气。（√）

Jd1B2184　电气化铁轨附近是产出杂散电流较多的地区，如电缆必须穿过铁轨时，应在电缆外面加装绝缘遮蔽管。（√）

Jd1B2185　在桥墩两端和伸缩处电缆应留有松弛部分，以防电缆由于结构膨胀和桥墩处地基下沉而受到损坏。（√）

Jd1B4186　在电极形状、气体性质、状态等其他条件不变时，气隙击穿电压也不会完全取决于电极之间的距离。（×）

Jd1B5187　电气设备对地绝缘损坏或电网导线折断时，距电流入地点越远，跨步电压越大。（×）

Je5B1188　每根电缆管最多不应超过 3 个弯头，直角弯不应多于 2 个。（√）

Je5B1189　不得利用电缆的保护钢管作保护地线。（×）

Je5B1190　移动照明的行灯所用的 12～36V 电压可由局

部照明变压器或自耦变压器供给。（×）

Je5B1191 当无大截面导体电缆时，在截流量允许的情况下，可将三芯铠装电缆的三芯并在一起当单芯用。（×）

Je5B1192 对电缆线路进行测温时，测量点应选择在散热条件较好的线段进行。（×）

Je5B1193 电力电缆导体连接采用点压时，对于连接管和接线端子接的压点均应为两个点。（×）

Je5B1194 控制电缆导体接于接线端子上时，每个端子板的每侧接线不得超过三根。（×）

Je5B2195 直埋电缆的敷设方式，全长应做成波浪形敷设。（√）

Je5B2196 埋入混凝土内的钢管可以不涂防腐漆。（√）

Je5B2197 直埋电缆下面应铺以混凝土保护管或砖块，电缆上面铺以软土或沙层。（×）

Je5B2198 电缆盘滚动运输时，其滚动方向必须逆着电缆的缠紧方向。（×）

Je5B2199 控制电缆导体制造厂成缆时，有一定顺序并分层，故接线前可在一根电缆两端，按同一旋转方向标号接线。（×）

Je5B2200 铜芯电力电缆导体与铜连接管或铜线鼻子的连接只许用焊接，不得采用压接法。（×）

Je5B2201 高、低压电缆在地下敷设交叉时，应保持规定距离。（√）

Je5B2202 电力电缆与控制电缆应平行放在同一层支架上。（×）

Je5B2203 制作热缩电缆头时，加热温度应控制在 200℃以上。（×）

Je5B3204 电缆线路与建筑物接近时，电缆外皮与建筑物基础距离应大于 0.6m。（√）

Je5B3205 汽油喷灯注油时，汽油体积不能超过油筒容积

的 3/4，以防止汽油受热后无膨胀余地。（√）

Je5B3206　交联电缆在制作接头前，应用无水酒精仔细揩拭，以防半导体微粒、杂质留在绝缘表面。（√）

Je5B3207　电缆本体内部比电缆接头内部的电场分布情况复杂且不均匀。（×）

Je5B3208　交联电缆锯断后，准备第二天就做接头的电缆，末端可不封头。（×）

Je5B3209　油浸纸绝缘电缆的终端绝缘剂不满时，应加添新剂至满。（√）

Je5B3210　金属电缆保护管采用焊接连接时，应采用短管套接。（√）

Je5B3211　在电缆隧道或沟内，应装设有贯穿全长的接地线，接地线的两端和接地网连接。（√）

Je5B3212　电缆敷设在支架上时，只要支架能放得下，就可以不受限制地敷设在支架上。（×）

Je5B3213　铝过渡管和铝线鼻子采用点压法时，压坑深度为压接管直径的 50%。（√）

Je5B3214　只要压接工具的压力能达到导线的蠕变强度，不论点压或者围压，都可采用。（√）

Je5B3215　危险场所的电气线路中的工作零线可作保护地线用。（×）

Je5B3216　直埋电缆中，用钢筋混凝土槽保护电缆受到外力破坏的可能性，比在电缆上铺一层混凝土板要好得多。（√）

Je5B3217　排管内敷设电缆时，牵引力的大小与排管对电缆摩擦系数有关，一般约为电缆重量的 50%～70%。（√）

Je5B3218　电缆故障接头修复后，不必核对相位，经耐压试验合格后，即可恢复运行。（×）

Je5B4219　电力电缆与热力管道（包括石油管道）接近时的最小净距为 2m。（√）

Je5B4220　为了防止接触电压和跨步电压的危险，将电气

设备不带电的金属外壳导线和接地体相连,称为保护接地。(√)

Je5B4221 用验电笔分别测直流电流正负极时,氖泡靠手侧一端亮,则为正极。(√)

Je5B4222 塑料绝缘电力电缆的最低允许敷设温度低于零摄氏度。(×)

Je5B5223 电缆线路穿过零序互感器接地线,应采用绝缘导线。(√)

Je4B1224 35kV 户外电缆终端头、引线之间及引线与接地体之间的距离为 0.4m。(√)

Je4B1225 铝护套的耐蚀性一般比铅高。(×)

Je4B1226 电缆沟应有良好的排水措施,以防电缆长期被水浸泡。(√)

Je4B1227 电缆隧道应具有良好的通风措施,以使隧道温度不会升高。(√)

Je4B1228 安装电缆接头应在气候良好的条件下进行。(√)

Je4B1229 安装户外接头应有防潮、防灰尘和外来污物的措施。(√)

Je4B1230 施工预算主要由工程量、人工数量、材料限额耗用数量及材料费和降低成本的技术措施等项所组成。(√)

Je4B2231 电缆引入电气设备或接线盒内,其进线口应密封。(√)

Je4B2232 在预防性试验中,6～10kV 交联电缆的直流耐压试验电压为 4 倍额定电压。(×)

Je4B2233 电缆终端头的相位颜色应明显,并与电力系统的相位一致。(√)

Je4B2234 排管通向人井应有不大于 0.1%的坡度。(×)

Je4B2235 护层有绝缘要求的电缆,在固定处应加绝缘衬垫。(√)

Je4B2236 交联聚乙烯绝缘电缆采用紧压形导体的目的

是为了工艺方便。（×）

Je4B2237 交联聚乙烯绝缘电力电缆耐热性优于聚乙烯。（√）

Je4B2238 额定电压 6kV 的聚氯乙烯绝缘电缆的长期允许工作温度为 80℃。（×）

Je4B2239 额定电压 6kV 的聚乙烯绝缘电缆的长期允许工作温度是 70℃。（√）

Je4B3240 护层保护器的主要元件由非线性电阻组成。（√）

Je4B3241 电缆的额定电压越高，电场强度越大，空气游离作用就越少。（×）

Je4B3242 额定电压为 35kV 的交联聚乙烯绝缘电缆导体的长期允许工作温度是 90℃。（√）

Je4B3243 应力锥接地屏蔽段纵切面的轮廓线理论上讲应是复对数曲线。（√）

Je4B3244 每根电力电缆应单独穿入一根管内，但交流单芯电力电缆不得单独穿入钢管。（√）

Je4B3245 电缆敷设时电缆外护层的损伤是正常的，没关系。（×）

Je4B3246 电缆敷设时使用滚轮可使电缆受到的摩擦力减小。（√）

Je4B3247 电力电缆的主要电气参数是导体的直流电阻、有效电阻（交流电阻）、电感、绝缘电阻和电容等。（√）

Je4B3248 电缆敷设时其路径必须严格按照设计图纸，不得随意更改。（√）

Je4B3249 油浸式互感器应直立运输，倾斜角不宜超过 15°。（√）

Je4B3250 要提高电缆的输送容量，要求电缆护层的介质损耗角正切较低且有较高的稳定性。（×）

Je4B3251 电化树枝的产生是由于孔隙中存在含硫或其

他化学成分的溶液。（√）

Je4B3252 对于固定敷设的电力电缆，其连接点的抗拉强度要求不低于导体本身抗拉强度的 60%。（√）

Je4B3253 与机组连接的电缆应在机组大修时进行预防性试验。（√）

Je4B4254 在多条并列电缆敷设时，要从中判别哪一条是停电的电缆，可用感应法将电缆判别出来。（√）

Je4B4255 根据继电保护技术规程规定，电压互感器至保护和安全自动装置屏的电缆压降不应超过额定电压的 3%。（√）

Je4B4256 塑料绝缘胶带的单层耐压强度是在交流 2kV 电压下持续 1min 不击穿。（√）

Je4B4257 涤纶绝缘胶布的耐压强度是在交流 2500V 电压下持续 1min 不击穿。（√）

Je4B5258 绝缘中含有微量的水，会引发绝缘体中形成小树枝，造成绝缘破坏。（√）

Je3B1259 多条并列运行电缆在运行中有时会出现负荷严重不均的现象，甚至其中某条电缆的某相负荷可能接近于零。（√）

Je3B1260 多条并列运行电缆，接点接触电阻较大的电缆电流减少，而正常负荷就移给旁并的电缆。（√）

Je3B2261 预防性试验，是鉴定绝缘情况和检查隐形故障的有效措施。（√）

Je3B2262 用直流电压试验油纸电缆，对良好的绝缘也会造成损坏。（×）

Je3B2263 预算定额的直接费用由人工费、材料费、机械费三部分组成。（√）

Je3B2264 产品质量的特性，概括起来主要有性能、寿命、可靠性、安全性和经济性等。（√）

Je3B2265 电缆与热表面平行敷设时的间距应大于 50mm，

交叉时大于 200mm。（×）

Je3B3266 电缆护套一端接地的电缆线路如果与架空线相连，终端金属保护套的直接接地装置一般与保护器装在同一端。（×）

Je3B3267 电缆标示牌装设点，只要在始终端悬挂就可以了。（×）

Je3B3268 高压设备发生接地时，为了防止跨步电压触电，室外不得接近故障点 8m 以内。（√）

Je3B3269 交联电缆在制作接头时，电缆绝缘表面应用酒精来回清洁，以防半导体微粒留在绝缘表面。（×）

Je3B4270 户内电缆头在预防试验中被击穿，可进行拆接和局部修理，一般可不再清除潮气。（×）

Je3B4271 制作 220kV 充油电缆的直线接头时，加热纸卷的高压电缆油的温度为 60℃。（×）

Je3B5272 如果电缆外护层绝缘良好，而只是在漏油点处外护层受损而形成接地，在此情况下，可通过冷冻法处理漏油点。（×）

Je2B1273 铅酸蓄电池放电时，终止放电电压对单个电池而言，为 1.75～1.8V。（√）

Je2B2274 静电除尘器的电极是高压交流电，其除尘原理是尘粒带电荷后，在电场力的作用下被捕获。（×）

Je2B3275 三相电压不平衡，异步电机的绕组电流则增加。（√）

Je2B4276 绝缘子表面涂憎水性的涂料，目的是减少泄漏电流，提高污闪电压。（√）

Je2B5277 电压互感器至保护盘二次电缆的压降不应超过 3%。（√）

Je1B1278 晶闸管是一种单向导电性能大功率半导体开关元件，既有单向导电性，又有用微小的电流控制起始导电时间的开关性能。（√）

Je1B2279 中性点直接接地是指发电机或变压器的中性点直接与接地装置连接。（×）

Je1B3280 为了消除接触器、继电器等直流线圈在断电后由自感电势所引起的火花，通常用电容器和电阻作线圈的放电回路元件。（×）

Je1B4281 当供给感应电动机的系统中发生短路时，电流未断开前电机能向短路点送电流。（√）

Je1B5282 零序保护不受或少受运行变压器中性点运行方式的影响。（×）

Je1B5283 金属护套一端接地，另一端装有护层保护器的单芯电缆主绝缘作直流耐压试验时，必须将护层保护器短接，使这一端的电缆金属护套临时接地。（√）

Je1B5284 在直流电压下，交联聚乙烯绝缘的电场分布存在较明显的不均匀性。所以，高压直流电缆一般不采用交联聚乙烯绝缘。（√）

Je1B5285 在下列地点，电缆应挂标志牌：电缆两端终端；改变电缆方向的转弯处；电缆竖井；电缆中间接头处。（√）

Je1B5286 电焊机如果在施工现场找不到接地时，可以直接利用电缆的金属构架或电缆钢管作零线。（×）

Je1B5287 金属护套交叉互联的电缆线路感应电压低、环流小。（√）

Jf5B1288 工作人员工作中正常活动范围人身与带电体间的安全距离，10kV 以下为 0.35m，35kV 以下为 0.6m。（√）

Jf5B1289 安全带的试验标准和试验周期分别为静拉力 2250N/5min，周期为一年。（×）

Jf5B2290 工程质量三级检查验收是指班组自检、工地复检和公司验收。（√）

Jf5B2291 企业制订的标准，应该低于国家标准或行业标准。（×）

Jf5B3292 抢救触电伤员时，用兴奋呼吸中枢的可拉明、

洛贝林或使心脏复跳的肾上腺素等强心针剂可代替人工呼吸和胸外心脏按压两种急救措施。（×）

Jf5B3293 电焊机的外壳必须可靠接地，接地内阻不得大于 4Ω，不得多台串联接地。（√）

Jf5B3294 起重机械在输电线路下方或其附近工作时，必须办理安全施工作业票，并应有施工技术负责人在场指导。（×）

Jf5B4295 检验设备是否有电，只要使用电压等级合适且试验期有效的验电器，对设备各导电端子验电，即能准确可靠地确认设备有无电。（×）

Jf5B5296 高压设备发生接地时，人员对故障点的距离，在室内应大于 4m。（√）

Jf4B1297 遇带电电气设备着火时，应使用泡沫灭火器。（×）

Jf4B1298 在电缆的预试工作，可以填写电力电缆第一种工作票。（√）

Jf4B2299 对架空线路等空中设备进行灭火时，人体位置与带电体之间的仰角不应超过 45°，以防导线断落危及灭火人员的安全。（√）

Jf4B2300 常用 50～60Hz 的工频交流电压人体的伤害最为严重，频率偏离工频越远，对人身的伤害越轻。（√）

Jf4B3301 影响工作质量的五大因素是：人、机械设备、材料、工艺方法、环境。（√）

Jf4B3302 送电时应先送电源侧，后送负荷侧，停电时也是先停电源侧，后停负荷侧。（×）

Jf4B4303 电缆敷设时，在拐弯处的人员应站在电缆的外侧，以防伤人。（√）

Jf4B5304 对于准备进行工作的电气设备，除应将一次侧完全断开外，还应检查有关变压器、电压互感器等有无从二次侧倒送电的可能。（√）

Jf3B1305 安全监察体系要求建立以施工班组安全员、部

门安全员和施工部门第一责任者为主体的三级安全网络。（√）

Jf3B2306 严禁携带火种进入油区，在油区出入不得穿带钉子的鞋。（√）

Jf3B4307 敷设电缆全过程的每天开始前，现场负责人都要详尽的交待安全措施及注意事项。（√）

Jf3B5308 我国电缆厂生产的技术标准主要参照国际电工委员会的标准，既 IEC 标准。（√）

Jf2B1309 电缆线路的检修工作，应尽量安排在线路不停电的情况下进行。（×）

Jf2B2310 电缆事故报告中事故终止时间指汇报送电时间。（√）

Jf2B3311 测量电缆线路的电容值，可用交流充电法。（√）

Jf2B4312 网络计划图中最短的一条线路叫关键线路。（×）

Jf2B5313 大型电力变压器强迫油循环风冷却装置二次回路要求，当冷却装置的工作电源及备用电源全部消失，冷却装置全部停止工作时，可根据变压器上层油温的高低，经一定时限作用于跳闸。（√）

Jf1B1314 电缆敷设、接头制作、土建排管等各项工作施工情况，需得到认可的质检员进行全过程的验证。（√）

Jf1B2315 表示设备断开和允许进入间隔的信号及电压表的指示等，可以作为设备有无电压的根据。（×）

Jf1B3316 当企业要建立产品从采购物资开始到产品交付使用为止的质量体系时，可选用 GB/T 19001。（√）

Jf1B4317 电缆施工安全技术措施需经部门技术主管批准，施工中由施工技术员和安全员组织和监督实施。（√）

Jf1B5318 电缆人孔井施工中，当可燃性气体测试数据小于 5%LEL 后，才能下井工作（LEL 为爆炸浓度的最低限度）。（√）

4.1.3 简答题

La5C1001　什么是直流电、交流电？

答：直流电指凡方向不随时间变化的电流；交流电指方向和大小随时间变化的电流。

La5C2002　什么是电路？一个完整电路应包括哪几部分？

答：电路是电流所流经的路径。最简单的电路是由电源、负荷、连接导线和电气控制设备组成的闭合回路。

La5C2003　什么是正弦交流电的最大值、有效值？

答：正弦交流电是大小和方向都随着时间按正弦曲线变化的交流电，在变化过程中，所能达到的最大幅值叫正弦交流电的最大值，每一周出现两次最大值；让交流电和直流电分别通过阻值完全相同的电阻，如果在相同的时间中两种电流产生的产生的热量相等，则把此直流电的数值定义为该交流电的有效值。

La5C3004　什么是功率因数？

答：功率因数是交流电路中有功功率与视在功率的比值，即功率因数其大小与电路的负荷性质有关。

La5C3005　什么是三相正弦交流电？

答：在磁场中放置三个匝数相同彼此在空间相距120°的绕组，当转子由原动机带动，并以匀速按顺时针方向转动时，每相绕组依次被磁力线切割，就会在三个绕组中分别产生频率相同、幅值相等的正弦交流电动势，三者在相位上彼此相差120°，这就是三相正弦交流电。

La5C3006　什么是纯电感电路？

答：在交流电电路中，通常把总电压超前电流 90°的相位角的电路叫做这就是纯电感电路。

La4C4007　为什么高压电气设备带电部分表面要尽可能不带棱角？

答：在大气中，在靠近电位很高、曲率半径很小的带电体周围，呈现不均匀电场，局部区域内的电场强度很大，可发生局部放电。局部放电时对电气设备和导线有腐蚀作用，增加电能损耗，干扰无线电通信。若在设备内部发生局部放电，将促使液体或固体绝缘材料劣化，故高压电气设备带电部分应尽可能不带棱角。

La4C5008　写出三相对称负荷的三个有功功率的计算公式。

答：① $P=3I^2R$；② $P=3U_{ph}I_{ph}\cos\varphi$；③ $P=\sqrt{3}\,U_LI_L\cos\varphi$。

La4C1009　什么是整流？整流分几种？

答：整流就是将交流电变成直流电的过程。按被整流的交流电相数，可分为单相和三相整流两种；按整流后输出的电压（或电流）波形，可分为半波整流、全波整流。

La4C2010　什么叫电磁感应？

答：当导体相对于磁场运动而切割磁力线，或线圈的磁通发生变化时，在导体或线圈中都会产生电动势；若导体或线圈是闭合电路的一部分，则在导体或线圈中将产生电流，我们把变动磁场在导体中引起电动势的现象称为电磁感应，也称"动磁生电"。

La4C3011　三极管的电流放大作用应满足的条件是什么？

答：应满足的外部条件是发射结正向偏置，集电结反向偏置；内部条件是发射区杂质浓度高，基区薄且杂质浓度低。

La3C3012 电力系统频率出现较大波动时有什么危害？

答：频率波动较大时，会影响电机和其他电气设备的性能。轻则影响工农业产品的质量和产量，重则会损坏汽轮机等设备，严重时会引起系统性的频率崩溃，造成大面积停电，使系统瓦解。

La2C4013 什么是定时限过流保护，什么是反时限过流保护，各有何特点？

答：过流继电器的动作时间固定不变，与短路电流的大小无关，称为定时限过流保护，定时限过流保护的时限是由时间继电器设定的，时间继电器在一定的范围内连续可调，使用时可根据给定时间进行整定。继电保护的动作时间与短路电流的大小成反比，称为反时限过流保护。短路电流越大，这种保护所用的时间越短，短路电流越小，动作的时间越长。

La2C3014 高压断路器在电力系统中有哪些作用？

答：高压断路器在电力系统的作用体现有两个方面：一是控制作用，即根据电网运行要求，将一部分电气设备或线路投入或退出运行状态，转为备用或检修状态；二是保护作用，即在电气设备或线路发生故障时，通过继电保护或自动装置使断路器跳闸，将故障部分从电网迅速切除，保证无故障部分的正常运行。

La2C4015 同步发电机转子由哪几部分组成？

答：同步发电机转子由转子铁芯、转子励磁绕组、护环、中心环和风扇等组成。

La1C4016 试解释发电机功角δ的物理含义。

答：（1）δ是空载电动势E和端电压U之间的时间相角；

（2）δ是主磁极磁场与定子合成磁场之间的空间夹角，即转子磁极轴线和定子等效磁极轴线之间的空间夹角。

La1C5017　为什么互感器二次回路必须有可靠接地点？

答：（1）因为互感器的一次绕组在高电压状态下运行，为了确保人身防护和电气设备安全；

（2）防止一、二次绕组间绝缘损坏进，一次侧电路中的高压加在测量仪表或继电器上，危及工作人员和设备的安全，所以必须有可靠接地点。

La1C5018　电力系统中高次谐波有什么危害？

答：电力系统中出现的高次谐波，不仅对于各种电器设备会引起电的与热的各种危害，而且对电力系统本身也产生谐波现象。高次谐波的电流产生的危害有：

（1）可能引起电力系统内的共振现象；

（2）电容器与电抗器的过热与损坏；

（3）同步电机或异步电机的转子过热、振动；

（4）继电器保护装置误动；

（5）计量装置不准确及产生通信干扰等。

La1C5019　配电装置包括哪些设备？

答：（1）用来接受和分配电能的电气设备称为配电装置；

（2）包括控制电器（断路器、隔离开关、负荷开关），保护电器（熔断器、继电器及避雷器等），测量电器（电流互感器、电压互感器、电流表、电压表等）以及母线和载流导体。

Lb5C1020　常用的电缆按用途分有哪些种类？

答：按用途可分为电力电缆、控制电缆、通信电缆、射频电缆等。

Lb5C1021　绝缘电线有哪几种？

答：常用的绝缘电线有：聚氯乙烯绝缘电线、聚氯乙烯绝缘软线、丁腈聚氯乙烯复合物绝缘软线、橡皮绝缘电线、农用地下直埋铝芯塑料绝缘电线、橡皮绝缘棉纱纺织软线、聚氯乙烯绝缘尼龙护套电线、电力和照明用聚氯乙烯绝缘软线等。

Lb5C1022　什么是电缆附件？

答：电缆附件包括电缆终端和电缆接头，它们是电缆线路不可缺少的组成部分。电缆终端安装在电缆线路的末端，具有一定的绝缘和密封性能，使电缆与其他电气设备连接的装置。电缆接头是安装在电缆与电缆之间，使两根及以上电缆导体连通，使之形成连续电路并具有一定绝缘和密封性能的装置。

Lb5C2023　什么叫电缆中间接头？

答：连接电缆与电缆的导体、绝缘、屏蔽层和保护层，以使电缆线路连续的装置，称为电缆中间接头。

Lb5C2024　什么叫电气主接线？

答：电气主接线是发电厂、变电所中根据各种一次设备的作用及要求，按一定的方式用导体连接起来所形成的电路称为一次电路或电气主接线，包括主母线和厂用电系统按一定的功能要求的连接方式。

Lb5C2025　什么是电气设备交接试验？

答：电气设备交接试验是指新安装的电气设备在投产前，根据国家颁发的有关规范的试验项目和试验标准进行的试验，借以判明新安装设备是否可投运，并保证安全。

Lb5C2026　在选择电力电缆的截面时，应遵照哪些规定？

答：电力电缆的选择应遵照以下原则：

（1）电缆的额定电压要大于或等于安装点供电系统的额定

电压；

（2）电缆持续容许电流应等于或大于供电负荷的最大持续电流；

（3）导体截面要满足供电系统短路时的热稳定性的要求；

（4）根据电缆长度验算电压降是否符合要求；

（5）线路末端的最小短路电流应能使保护装置可靠地动作。

Lb5C2027　交联聚乙烯电缆和油纸电缆比较有哪些优点？

答：（1）易安装，因为它允许最小弯曲半径小、且重量轻；

（2）不受线路落差限制；

（3）热性能好，允许工作温度高、传输容量大；

（4）电缆附件安装快捷、运行维护简便；

（5）可靠性高、故障率低；

（6）工艺简单，经济效益显著。

Lb5C2028　请解释"铅封"、"搪铅"、"封铅"三个名词。

答：铅封是指用铅锡合金封堵尾管端部与金属套之间的缝隙，封堵后的成型结构。搪铅是指铅封的工艺。封铅是指搪铅时所用的铅锡等合金材料。

Lb5C3029　固定交流单芯电缆的夹具有什么要求？为什么？

答：夹具应无铁件构成闭合磁路，这是因为当电缆导体通过电流时，在其周围产生磁力线，磁力线与通过导体的电流大小成正比，若使用铁件等导磁材料，根据电磁感应可知，将在铁磁件中产生涡流使电缆发热，甚至烧坏电缆，所以不可使用铁件作单芯交流电缆的固定夹具。

Lb5C3030　交联聚乙烯电缆热缩附件的特点是什么？

答：热缩附件的最大特点是用应力管代替传统的绕包应力

锥，它不仅简化了施工工艺，还缩小了接头的终端的尺寸，安装方便，省时省工，性能优越，节约金属。

Lb5C3031　电缆敷设前应对电缆进行哪些检查工作？

答：（1）电缆有无破损、变形；

（2）电缆型号、电压、规格符合设计；

（3）电缆绝缘良好，当对油纸电缆的密封有怀疑时，应进行受潮判断；直埋电缆与水底电缆应经直流耐压试验合格；充油电缆的油样应试验合格；

（4）充油电缆的油压不宜低于 1.47MPa。

Lb5C3032　对电缆的存放有何要求？

答：（1）电缆应储存在干燥的地方；

（2）有搭盖的遮棚；

（3）电缆盘下应放置枕垫，以免陷入泥土中；

（4）电缆盘不许平卧放置。

Lb5C3033　电缆标志牌应注明什么内容？编写有何要求？

答：标志牌上应注明电缆线路设计编号、电缆型号、规格及起始点，并联使用的电缆应有顺序号。要求字迹清晰、不易脱落。

Lb5C5034　电缆内护层的作用是什么？

答：电缆内护层是直接保护绝缘层，使绝缘层不与水、空气或其他物体接触，因此包裹得紧密无缝，防止绝缘受潮，并且有一定的机械强度，能承受电缆在运输和敷设时的机械力，使绝缘层不受机械伤害。

Lb5C5035　直埋敷设于非冻土地区时，10kV 及以下电缆埋置深度应符合哪些规定？

答：（1）电缆外皮至地下构筑物基础，不得小于 0.3m；

（2）电缆外皮至地面深度，不得小于 0.7m；

（3）当位于车行道或耕地下时，应适当加深，且不宜小于 1m。

L4C1036　简述电力系统中一、二次系统的组成。

答：一次系统是由发电机、送电线路、变压器、断路器等发、供、变、配电等设备组成的系统。二次系统是由继电保护、安全自动控制、信号和测量仪表、系统通信及调度自动化等组成的系统。

Lb4C1037　电缆桥架适合于何种场合？

答：电缆桥架适用于一般工矿企业室内外架空敷设电力电缆、控制电缆，亦可用于电信、广播电视等部门在室内外架设。

Lb4C3038　直埋电缆的方位标志应设置在哪些位置？

答：在电缆两端，电缆直线段 50～100m 处电缆接头及电缆改变方向的弯角处。

Lb4C4039　室外电缆沟应符合哪些要求？

答：电缆沟上部应比地面稍高，加盖用混凝土制作的盖板，电缆应平敷在支架上，有良好的排水管。

Lb4C4040　电缆敷设的常用设备有哪些？

答：（1）空气压缩机，主要用来破坏路面，为以后敷设电缆作准备；

（2）电动卷扬机或电缆牵引机，主要用来拖电缆；

（3）电缆输送机，配合牵引机使用来克服巨大的摩擦力，减轻对电缆的损坏；

（4）电缆盘放线支架及牵引装置；

（5）滚轮装置；

（6）防捻器，减少钢丝绳出现的扭曲；

（7）电缆盘制动装置；

（8）张力计。

Lb4C5041　什么叫绝缘强度？

答：绝缘物质在电场中，当电场强度增大到某一极限时就会被击穿，这个导致绝缘击穿的电场强度称为绝缘强度。

Lb4C5042　为什么要测电缆的直流电阻？

答：（1）测直流电阻可以检查导体截面积是否与制造厂的规范相一致；

（2）电缆总的导电性能是否合格；

（3）导体是否断裂、断股等现象存在。

Lb3C1043　请简述电力电缆工作电压表示方法"U_0/U（U_m）"中 U_0、U、U_m 分别代表的具体含义。

答：U_0 为电缆导体与金属套或金属屏蔽之间的设计额定电压；U 为导体与导体之间的设计额定电压；U_m 为设备可承受的"最高系统电压"的最大值。

Lb3C4044　对电缆导体连接点的机械强度有何要求？

答：连接点的机械强度，一般低于电缆导体本身的抗拉强度，对于固定敷设的电力电缆，其连接点的抗拉强度要求不低于导体本身抗拉强度的 60%。

Lb3C5045　简述声测法电缆故障定点原理。

答：声测法是用高压直流试验设备向电容充电（充电电压高于击穿电压）。再通过球间隙向故障点放电，利用故障点放电时产生的机械振动，听测电缆故障点的具体位置。用此法可以测接地、短路、断线和闪络故障，但对于金属接地故障很难用此法进行定点。

Lb3C2046 假设一条大截面电缆单线运行与两根小截面电缆并联运行，同样能满足用户需要，忽略经济因素，您选用哪种方式？为什么？

答：选用单根大截面电缆。由于电缆的导体电阻很小（约 $0.05\Omega/km$），两根电缆并联运行时，如其中一个导体与母排发生松动，则接触电阻可能达到或超过导体电阻，那么流过与之并联的另一个导体的电流将成倍增加，从而导致该电缆过载运行。

Lb3C2047 电力电缆的绝缘层材料应具备哪些主要性能？

答：应具备下列主要性能：

（1）高的击穿强度；

（2）低的介质损耗；

（3）相当高的绝缘电阻；

（4）优良的耐放电性能；

（5）具有一定的柔软性和机械强度；

（6）绝缘性能长期稳定。

Lb3C2048 机械敷设电缆时，牵引强度有何规定？

答：对于铜芯电缆，当牵引头部时，允许牵引强度为 70MPa；对于铝芯电缆，当牵引头部时，允许牵引强度为 40MPa；若利用钢丝网套牵引时，铅护套电缆允许强度为 10MPa，铝护套电缆为 20MPa。

Lb3C3049 对电缆保护管有何规定？

答：（1）电缆需要穿保护管敷设时，管子内径不应小于电缆外径的 1.5 倍，混凝土管、陶土管、石棉、水泥管的内径不

应小于 100mm;

（2）电缆管的弯曲半径应符合所穿入电缆弯曲半径的规定；

（3）每根管子最多不应超过 3 个弯头，直角弯不应多于 2个。

Lb3C3050　如何测量电缆护套的外径？

答：在护套圆周上均匀分布的五点处，测量护套外径和其平均值，其平均外径即为护套的外径。

Lb2C3051　不同截面的铜芯电缆如何连接？

答：不同截面的铜芯电缆连接，可采用开口弱背铜接管，以锡焊法连接，也可用纯铜棒按不同的截面要求连接成铜接管，以压接法连接。

Lb2C4052　简述 10kV 交联电缆热缩式制作户内终端头的过程。

答：（1）准备阶段：检查热缩电缆附件是否齐备，型号是否相配，检查并确认电缆有无潮气后，检查电缆；

（2）切除多余电缆，根据现场情况决定电缆长度；

（3）剥除护层；

（4）焊接接地线，将接地线焊接在钢带上；

（5）填充三叉口及绕包密封胶；

（6）安装三芯分支套，将护套套入根部，从中部开始收缩，先往根部，再往指部；

（7）剥铜带和外半导电层，剥切三芯分支套口 20mm 以上的铜带，严禁损伤主绝缘，清除干净半导电层；

（8）安装应力管，管口端部分支套对接后热缩；

（9）安装接线端子；

（10）安装绝缘管；

（11）安装密封管；

（12）核相后安装相色管。

Lb2C4053 为什么不允许三相四线系统中采用三芯电缆线另加一根导线做中性线的敷设方式？

答：因为这样做会使三相不平衡电流通过三芯电缆的铠装而使其发热，从而降低电缆的载流能力，另外这个不平衡电流在大地中流通后，会对通信电缆中的信号产生干扰作用。

Lb1C1054 水下电缆引至岸上的区段，应有适合敷设条件的防护措施，还应符合哪些规定？

答：（1）岸边稳定时，应采用保护管、沟槽敷设电缆，必要时可设置工作井连接，管沟下端宜置于最低水位下不小于1m的深处。

（2）岸边未稳定时，还宜采取迂回形式敷设以预留适当备用长度的电缆。

（3）水下电缆的两岸，应设有醒目的警告标志。

Lb1C2055 母线装置施工完，应进行哪些检查？

答：应进行下列检查：

（1）金属构件的加工、配制、焊接、螺接应符合规定；

（2）各部螺栓、垫圈、开口销等零部件应齐全可靠；

（3）母线配制及安装架应符合规定，相间及对地电气距离符合要求；

（4）瓷件、铁件及胶合处应完整，充油套管应无渗油，油位正常；

（5）油漆完整，相色正确，接地良好。

Lb1C3056 单芯电缆金属护套一端接地方式中为什么必须安装一条沿电缆平行敷设的回流线？

答：在金属护套一端接地的电缆线路中，为确保护套中的感应电压不超过允许标准，必须安装一条沿电缆线路平行敷设的导体，且导体的两端接地，这种导体称为回流线。当发生单相接地故障时，接地短路电流可以通过回流线流回系统中心点，由于通过回流线的接地电流产生的磁通抵消了一部分电缆导线接地电流所产生的磁通，因而可降低短路故障时护套的感应电压。

Lb1C4057　在 35kV 及以下电力电缆接头中，改善其护套断开处电场分布的方法有几种（请列出五种），并简述其方法。

答：（1）胀喇叭口：在铅包割断处把铅包边缘撬起，成喇叭状，其边缘应光滑、圆整、对称；

（2）预留统包绝缘：在铅包切口至电缆导体分开点之间留有一段统包绝缘纸；

（3）切除半导电纸：将半导电纸切除到喇叭口以下；

（4）包绕应力锥或安装预制式：改善屏蔽层断口的电场分布；

（5）等电位法：对于干包型或交联聚乙烯电缆头，在各导体概况绝缘表面上包一段金属带，并将其连接在一起；

（6）装设应力控制管：对于 35kV 及以下热缩管电缆头，首先从导体铜屏蔽层末端开始向电缆末端方向经半导体带至导体绝缘概况包绕 2 层半导体带，然后将相应规格的应力管，套在铜屏蔽的末端处，热缩成形。

Lb1C4058　交联聚乙烯电缆内半导体电层、绝缘层和外半导电层同时挤出工艺的优点是什么？

答：（1）可以防止主绝缘与半导体屏蔽以及主绝缘与绝缘屏蔽之间引入外界杂质；

（2）在制造过程中防止导体屏蔽的主绝缘尽可能发生意外损伤，防止半导电层的损伤而引起的实判效应；

（3）由于内外屏蔽与主绝缘紧密结合，提高了起始游离放电电压。

Lc5C2059 根据发电厂动力资源的不同，发电厂可分为哪些类型？

答： 可分为火力发电厂、水力发电厂、核电站、风力发电站、地热发电厂及潮汐发电厂等。

Lc5C3060 砂轮的选用主要应考虑什么？

答： 主要按照工件的性能、加工要求、形状和尺寸的大小、磨削方式与磨床结构等因素选择。

Lc5C4061 錾削安全技术有哪些？

答：（1）工件必须夹紧，以防松动或掉下伤人；

（2）应经常保持錾锋利，以防过钝造成打滑，引起手部划伤；

（3）錾子头部有明显毛刺时，应及时磨去，以免碎裂伤人；

（4）手锤柄有松动或损坏时，要及时装牢或更换，以免锤头脱落伤人。

Lc4C3062 简述电焊机短路电流值对弧焊电流的影响。

答： 如果短路电流过大，电流将出现因过载而被损坏的危险，同时还会使焊条过热，药皮脱落，并使飞溅增加。但是如果短路电流太小，则会使引弧和熔溜过渡发生困难。

Lc4C2063 在零件图上，应该注明的技术条件主要有哪些？

答： 主要有：

（1）零件的尺寸偏差、表面形状偏差和位置偏差，零件的各个表面的光洁度；

（2）零件的材料和要求，关于热处理和表面修饰的说明，关于特殊加工和检查试验的说明。

Lc4C3064 在什么地方工作需填第一种工作票？

答：（1）在高压设备上工作需要全部停电或部分停电的；

（2）高压二次接线和照明等回路上的工作，需要将高压设备停电或做安全措施的；

（3）高压电力电缆需停电的工作；

（4）其他工作需要将高压设备停电或要做安全措施者。

Lc3C3065 简述火力发电厂的基本生产过程。

答：火力发电厂的生产过程实质上是一个能量转化的过程，即将燃料的化学能通过锅炉转变为蒸汽的热能，又通过汽轮机将蒸汽的热能转变为机械能，最后再通过发电机将机械能转变为电能。

Lc3C4066 工作监护人的安全职责有哪些？

答：（1）正确安全地组织工作；

（2）负责检查工作票所列安全措施是否正确完备和工作许可人所作的安全措施是否符合现场实际条件，必要时予以补充；

（3）工作前对工作班人员进行危险点告知，交待安全措施和技术措施，并确认每一个工作班成员都知晓；

（4）严格执行工作票所列安全措施；

（5）督促、监护工作班成员遵守《电力安全工作规程》正确使用劳动防护用品和执行现场安全措施；

（6）完成工作许可手续后，监护人（负责人）应向工作班人员交待现场安全措施，带电部位和其他注意事项。

Lb2C3067 如何识读设备安装图？

答：识读设备安装图的方法与识读机械图相类似，一般可分下列几个步骤：

（1）看标题栏，进行概括了解；

（2）分析视图，了解表达方法及其作用；

（3）分析安装设备的厂房；

（4）分析各设备的安装位置及连通情况；

（5）进行总结，全面了解设备安装图。

Lb2C5068　为什么铝芯导体一般用铝接管压接，而不用铜接管？

答：（1）由于铜和铝这两种金属标准电极电位相差较大（铜为+0.345V，铝为–1.67V）。

（2）当有电介质存在时，形成以铝为负极，铜为正极的原电池，使铝产生电化腐蚀，从而使接触电阻增大。

（3）由于铜铝的弹性模数和热膨胀系数相差很大，在运行中经多次冷热（通电与断电）循环后，会使接点处产生较大间隙，影响接触而产生恶性循环。

Lb2C3069　发电机手动同期并列应具备哪些条件？

答：发电机并列的三个条件是待并发电机的电压、频率、相位与运行系统的电压、频率、相位之差小于规定值。

Lb1C2070　巡视隧道内的电力电缆，应有哪些巡查要点？

答：隧道内的电缆要检查电缆位置是否正常；接头有无变形漏油；温度是否异常；构件是否失落；通风、排水、照明等设施是否完整；特别要注意防火设施是否完善。

Lb1C2071　根据《电气装置安装工程电缆线路施工及验收规范》，交联电缆及其附件运抵施工现场后，应做哪些检查？

答：产品的技术文件应齐全；电缆型号、规格、长度应符合订货要求；电缆外观不应受损，电缆封端应严密，当外观检查有怀疑时，应进行受潮判断或试验；附件部件应齐全，材质应符合产品技术要求。

Lb1C3072 防止误操作的"五防"内容是什么？

答：（1）防止误拉、误合断路器；

（2）防止带负荷误拉、误合隔离开关；

（3）防止带电合接地开关；

（4）防止带接地线合闸；

（5）防止误入带电间隔。

Lc1C3073 使用钢丝钳时应注意些什么？

答：使用前，一定要检查绝缘柄的绝缘是否完好无损，使用时要让刀口朝向自己，手指不能靠近金属部分，以防触电，使用时应注意不应代替榔头使用并保护手柄绝缘，不能任意抛掷。当用钢丝钳剪断导线时，不能同时剪两根线，以免发生短路、损坏工具或电弧烧伤。

Lc1C3074 简述 2000 版 GB/T 1900 标准的质量管理八项原则。

答：质量管理的八项原则是：① 以顾客为关注焦点；② 领导作用；③ 全员参与；④ 过程方法；⑤ 持续改进；⑥ 基于事实的决策方法；⑦ 与供方互利的关系。

Jd5C2075 攻丝时使用丝锥怎样用力？

答：攻丝时，先插入头锥使丝锥中心线与钻孔中心线一致，用两手均匀的旋转并略加压力使丝锥进刀，进刀后不必再加压力，每转动丝锥一次反转约 45℃ 以割断切屑，以免阻塞，如果丝锥旋转困难时，切不可增加旋转力，否则丝锥会折断。

Jd5C2076 使用锉刀锉平面时怎样操作好？

答：把工件夹在台虎钳上，使工件的表面高出钳口 5～10mm，应交叉锉削（30°～40°）等到从左到右这一方向斜纹锉过以后，必须进行直纹锉削，然后从右到左继续进行锉削。

Jd5C3077 在套丝时如何安装扳牙？

答：使用扳牙架时，将扳牙装入架内，扳牙上的锥坑与架上的紧固螺丝要对正，然后紧固，可调试扳牙则应先将扳牙的直径调整合适，使其与杆料尺寸相近，然后装入架内固定。

Jd5C3078 安装滚动轴承应该注意什么？

答：（1）标注有规格，牌号的端面应装在可见部位，以便更换；

（2）不得将铁屑、铜屑带入轴承内，装配好的轴承应转动灵活，没有斜歪和卡涩现象；

（3）装配前将轴承清洗干净，装配时各接触面要加润滑油。

Jd5C5079 试述氧—乙炔气割操作步骤和要求。

答：（1）先预热切割起点，达到略红，慢慢开大割炬切割氧阀门，红热金属在纯氧中剧烈氧化为熔渣被吹去，形成割缝；

（2）逐渐移动割炬，一般从右向左；

（3）切割完毕，迅速关切割氧，然后抬起割炬关乙炔，最后关预热氧。

Jd4C1080 钳工基本操作包括哪几个方面？

答：① 錾削；② 锯割；③ 锉削；④ 钻孔；⑤ 攻丝；⑥ 套扣；⑦ 矫正；⑧ 弯曲；⑨ 刮削；⑩ 测量。

Jd4C2081 金属构件刷防锈漆前应作何处理？

答：应充分用钢丝刷清除一切污物及铁皮铁锈等，然后清理干净，最后涂一道红丹漆或打底防锈漆。

Jd4C3082 硬母线搭接面加工时有什么要求？

答：硬母搭接面加工应平整无氧化膜，经加工后，其截面减少值：铜母线不应超过原截面的 3%；铝母线应不超过 5%，具有镀银层的母线搭接面，不可任意锉磨。

Jd4C4083　简述起重工作的"五步"工作法。

答：（1）看，即实地勘查；

（2）问，即了解情况；

（3）想，即制订方案；

（4）干，即案实施；

（5）收，即总结阶段。

Jd3C3084　全电缆线路为何不设重合闸装置？

答：由于电缆大都敷设于地下，不会发生鸟害、异物搭挂等故障，故障属于永久性的，所以全电缆线路不设重合闸，也不应人为重合闸，以免扩大事故范围。

Jd3C4085　为什么交、直流回路不能同用一条电缆？

答：交、直流回路都是独立系统，直流回路是绝缘系统，而交流回路是接地系统，若共用一条电缆，两者之间容易发生短路，发生相互干扰，降低对直流回路的绝缘电阻，所以交、直流回路不能共用一条电缆。

Je5C1086　列举出你熟悉的电缆架。

答：拼焊式 E 型架、装配式 E 型架、桥式电缆架、电缆托架、挂钩式支架、单根电缆支架等。

Je5C1087　制作电缆终端头或中间接头的绝缘材料有哪些？

答：有绝缘胶、绝缘带、绝缘管、绝缘手套、绝缘树脂等。

Je5C1088　电缆保护管的加工应符合哪些要求？

答：（1）管口应无毛刺和尖锐楞角，管口宜做成喇叭形。

（2）电缆管在弯制后，不应有裂缝和显著的凹瘪现象，其弯扁程度不宜大于管子外径的 10%；电缆管的弯曲半径不应小于所穿入电缆的最小允许弯曲半径。

（3）金属管应在外表涂防腐漆或沥青，镀锌管锌层剥落处也应涂以防腐漆。

Je5C1089　电缆的排列应符合哪些要求？

答：（1）电力电缆和控缆不应配置在同一层支架上；

（2）高、低压电缆，强、弱电控缆应按顺序分层配置，一般情况宜由上而下，但在含有 35kV 以上高压电缆引入柜盘时，为满足弯曲半径，可由下而上配置；

（3）电缆之间的净距应符合规程规定。

Je5C2090　使用液化石油气瓶应遵守哪些规定？

答：（1）液化石油气瓶必须放置在室内通风良好处，室内严禁烟火，并按规定配备消防器材；

（2）气瓶冬季加温时，可用 40℃ 以下温水，严禁火烤或用沸水加温；

（3）气瓶运输、贮存时必须直立放置，并固定，搬运时不得碰撞；

（4）气瓶不得倒置，严禁倒出残液；

（5）瓶阀管子不得漏气，丝堵、角阀丝扣不得锈蚀；

（6）气瓶不得充满液体，应留出 10%～15% 的汽化空间；

（7）胶管和衬垫应采用耐油性材料；

（8）使用时应先点火，后开气，用后关闭全部阀门；

（9）使用液化气作业时应配置消防器材。

Je5C2091　使用喷灯应注意哪些事项？

答：（1）各种喷灯燃料不能混用。喷灯最大注油量为油筒容积的 3/4；

（2）严禁在有火的地方加油，开始打气压力不要太大；

（3）点燃喷灯时，不准将喷灯对着人体或各类易燃物以及设备、器材等；

（4）首次使用喷灯必须有专人指导；

（5）加完油或放完气要拧紧加油阀螺丝；

（6）使用喷灯作业时应配置消防器材。

Je5C2092　手动油压钳有何用途？如何操作？

答：两根导线的连接通常是将两导线端穿入相同材料制成的压管中，用压接钳挤压数个坑，使导线连接在一起。压接时，手柄向上抬起时，柱塞向外移动，进油阀下腔产生真空，油箱内的油进入柱塞腔。手柄下压时，柱塞向内移动，油受压后，使进油阀关闭，打开出油阀，使油压进入液压缸，推动活塞和阳模，阳、阴模之间放有压接管，当压接管被挤压的坑深到一定值时，开启回油阀，活塞自动返回，压完一个坑后，移动压钳，再压下一个。

Je5C2093　耐压试验前后为什么要测量电缆绝缘电阻？

答：从绝缘电阻的数值可初步判断电缆是否受潮、老化，决定能否进行耐压实验，并可判断由耐试验检查出的缺陷性质，所以在进行耐压试验前，要对电缆的绝缘进行测量。

Je5C3094　万用表能进行哪些数据的测量？

答：万用表是一种广泛使用的多用途测量仪表，能测量直流电流、交直流电压、电阻，分贝值，较高级的还能测量交流电流、电感、电容及晶体管的直流放大倍数等。

Je5C3095　如何进行电缆管的连接工作？

答：电缆管连接时，必须用扣和管接头连接，如采用焊接时，不能直接对焊，连接处要套上一段粗管再进行焊接，以免焊渣掉入管内。

Je5C3096　怎样使用钳形电流表？

答：钳形电流表主要用于测量正在运行的电气线路中电流的大小。使用时，将正在运行的待测导线夹入钳形表铁芯窗口内，然后读取表头指针读数。在测量电流时，应注意电路上的电压要低于电压表额定值，测好后要立即拨回零档。

Je5C3097　常用 35kV 及以下电缆接头按结构型式可分为哪几类？

答：① 绕包式；② 热缩式；③ 冷缩式；④ 预制式；⑤ 模塑式；⑥ 浇铸式。

Je5C3098　常用绝缘材料的类别有哪些？举例说明？

答：（1）无机绝缘材料：有云母、石棉、大理石、瓷器、玻璃等；

（2）有机绝缘材料：有树脂、橡胶、纸、麻、棉纱等；

（3）混合绝缘材料：用以上绝缘材料加工而成型的各种绝缘材料。

Je5C3099　说明手摇式绝缘电阻表的用途和使用方法。

答：绝缘电阻表是测量电气设备绝缘电阻的仪表，它主要由手摇发电机和测试表头两部分组成，常用绝缘电阻表的电压有 500、100、2500V 三种规格。对于测额定电压在 500V 以下的电气设备的绝缘电阻，用 500V 或 1000V 绝缘电阻表；对于额定电压在 1000V 以上的电器的绝缘电阻，用 1000V 或 2500V 绝缘电阻表。绝缘电阻表的接线柱有三个：L 表示线；E 表示地；G 表示"保护环"。测电缆的导体与外壳的电阻时，L 与导体相连，E 与外壳相连，G 与表面绝缘相连，以排除表面泄漏电流对测量结果的影响。

Je5C3100　在哪种情况下采用排管敷设？有什么优点？

答：排管敷设一般用在与其他建筑物、公路或铁路相交叉的地方，有时也在建筑物密集区内采用。主要优点是占地少，能承受大的荷重，电缆相互间互不影响，比较安全。

Je5C4101　ZR–YJY22–8.7/10kV 电缆表示它是什么结构？主要用于什么地方？

答：铜芯交联聚乙烯绝缘聚乙烯护套阻燃电力电缆。用于核电站、地铁、通信站、高层建筑、石油冶金、发电厂、军事设施、隧道等地方。

Je5C2102　电缆隧道内如何装设接地线？

答：隧道和沟的全长应装设连续的接地线，接地线应和所有的支架相连，两头和接地极连通。接地线的规格应符合设计要求。电缆铅包和铠装除了有绝缘要求外，应全部相互连接并和接地线相连，电缆支架和接地线均应涂防锈漆或镀锌。

Je5C4103　用文字详细说明型号 ZQF2–21/35–3×185 的含义是什么？

答：它表示截面积为 $185mm^2$、电压为 35kV 的三芯铜导体、油浸纸绝缘、分相铅包、钢带铠装电力电缆。

Je5C4104　电缆的敷设方式有几种？

答：有以下几种：

（1）直埋在地下；

（2）安装在电缆沟内；

（3）安装在地下隧道内；

（4）安装在建筑物内部墙上或天棚上；

（5）安装在桥架上；

（6）敷设在排管内；

（7）敷设在水底；

（8）安装在桥梁上；

（9）架空敷设。

Je5C5105 用电动弯管机弯制电缆保护管时应注意什么？

答：（1）弯管机应由了解其性能并熟悉操作知识的人员操作；

（2）使用前必须进行检查，按钮、操作把手、行程开关应完好，弯管机必须可靠接地；

（3）选用符合要求的模具，确定好所需要的弯曲半径；

（4）施工场地周围，应有充足的活动范围；

（5）使用时待空转正常后，方可带负荷工作，运行中，严禁用手脚接触其转动部分；

（6）工作完毕应及时停电，释放油压。

Je5C5106 电气设备停电检修时，保证安全的技术措施是什么？

答：安全技术措施是：停电、验电、装设临时接地线、悬挂标示牌、装设临时遮拦。

Je5C2107 在高压电气设备上工作，保证安全的组织措施有哪些？

答：（1）工作票制度；

（2）工作许可制度；

（3）工作监护制度；

（4）工作间断、转移和终结制度。

Je4C2108 电缆沟中支架安装距离的要求如何？

答：电缆固定于电缆沟和隧道的墙上，水平装置时，当电缆外径等于或小于 50mm 时应每隔 1m 加一支撑；外径大于

50mm 的电缆每隔 0.6m 加一支撑；排成三角形的单电缆，每隔 1m 应用绑带扎牢，垂直装置时，每隔 1～1.5m 加以固定。

Je4C2109　如何处理电力电缆与控制电缆在同一托架的安装？

答：电力电缆与控制电缆一般不应敷设在同一托架内，当电缆较少而将控制电缆与电力电缆敷设在同一托架内时，应用隔板隔开。

Je4C2110　对于电缆孔洞的防火封堵有何要求？

答：对于较大的电缆贯穿孔洞，如电缆贯穿楼板处等，采用防火堵料封堵时，应根据实际情况，先在电缆表面涂 4～6 层防火涂料，长度自孔洞以下 1.5m 左右，再用耐火材料加工成具有一定强度的板托防火堵料，保证封堵后牢固并便于更换电缆时拆装，封堵密实无孔隙以有效地堵烟堵火。

Je4C4111　决定电缆长期允许载流量的因素有哪些？

答：有以下 3 个因素决定：

（1）电缆的长期允许工作温度；

（2）电缆本身的散热性能；

（3）电缆装置情况及周围环境的散热条件。

Je4C3112　用压接钳压接铝导线接头前，应做哪些工作？

答：应做以下工作：

（1）检查压接工作有无问题，检查铝接管或铝鼻子及压模的型号、规格是否与电缆的导体截面相符；

（2）将导体及接管内壁的氧化膜去掉，再涂一层中性凡士林；

（3）对于非圆形导体可用鲤鱼钳将导体夹成圆形并用绑线扎紧锯齐后插入管内。插入前应根据铝接管长度或铝鼻子孔深，在线上做好记号，中间接头应使两端插入导体各占铝接管长度的一半，铝鼻子应插到底，插入导体时，导体不应出现单丝突起现象，不宜用硬物敲打铝鼻子，防止变形，影响接触面积增加接触电阻。

Je4C5113　电缆清册的内容及电缆编号的含义是什么？

答：电缆清册是施放电缆和指导施工的依据，运行维护的档案资料，应列入每根电缆的编号、起始点、型号、规格、长度，并分类统计出总长度，控缆还应列出每根电缆的备用芯。电缆编号是识别电缆的标志，故要求全厂编号不重复，并且有一定的含义和规律，能表达电缆的特征。

Je4C2114　电缆的路径选择，应符合哪些规定？

答：（1）避免电缆遭受机械性外力、过热、腐蚀等危害；

（2）满足安全要求条件下使电缆较短；

（3）便于敷设、维护；

（4）避开将要挖掘施工的地方；

（5）充油电缆线路通过起伏地形时，使供油装置较合理配置。

Je5C5115　电缆目前采用的敷设方法可分为几类？

答：（1）人工敷设，即采用人海战术，在一人或多人协调指挥下，按规定进行敷设；

（2）机械化敷设，即采用滚轮、牵引器、输送机，通过一同步电源进行控制，比较安全；

（3）人工和机械相结合，有些现场由于转弯较多，施工难度大，全用机械较困难，所以采用此法。

Je4C116　电缆支架的加工应符合哪些要求？

答：（1）钢材应平直，无明显扭曲，下料误差应在 5mm

范围内，切口应无卷边，毛刺；

（2）支架应焊接牢固，无显著变形，各横撑间的垂直净距与设计偏差不应大于 5mm；

（3）金属支架必须进行防腐处理，位于湿热、盐、雾以及有化学腐蚀地区时，应根据设计作特殊的防腐处理。

Je4C2117　如何进行铜铝的连接？

答：目前最常采用的是铜铝闪光焊和铜铝摩擦焊作过渡，户内电缆头可用铜铝线鼻子，户外电缆头有铜铝过渡梗，中间接头可用铜铝连接管，由于铜铝接触极易产生电化腐蚀，因此应尽量避免铜铝直接连接。

Je4C2118　对于电缆导体连接点的电阻有何要求？

答：要求连接点的电阻小而且稳定，连接点的电阻与相同长度、相同截面的导体之比值，对于新安装的终端头和中间头，应不大于 1；对于运行中的终端头和中间头这个比值不应大于1.2。

Je4C2119　电缆接头和中间头的设计应满足哪些要求？

答：应满足的要求有：

（1）耐压强度高，导体连接好；

（2）机械强度大，介质损失小；

（3）结构简单，密封性强。

Je4C3120　什么叫工程成本？工程成本的项目包括什么？

答：工程成本是指施工企业在建筑安装工程施工过程中所耗费的人力和物资的总和。工程成本的项目包括人工费、材料费、施工机械使用费、其他直接费和施工管理费等。

Je4C3121　施工图预算由哪些费用构成？

答：由直接费、管理费、独立费三部分费用构成。

Je4C3122　施工图预算中的直接费包括哪些？

答：指按定额计算的人工费、材料费、大型机械使用费和其他直接费。其他直接费指未包括在工程预算定额内的工程用水、电费、中小型机械费、材料二次搬运费等。

Je4C5123　电力电缆和架空线比较有哪些优点？

答：（1）运行可靠，由于安装在地下等隐蔽处，受外力破坏小，发生故障的机会较少，供电安全，不会给人身造成危害；

（2）维护工作量小，不需频繁的巡检；

（3）不需架设杆塔；

（4）有助于提高功率因数。

Je4C3124　什么是电缆故障？有几种常见的类型？

答：电缆故障是指电缆在预防性试验时发生绝缘击穿或在运行中，因绝缘击穿、导线烧断等而迫使电缆线路停电的故障。常见的故障有接地故障、短路故障、断线故障、闪络性故障和混合型故障等。

Je3C1125　电缆排管有何要求？

答：（1）排管顶部至地面距离，在厂房内为 0.2m，人行道下为 0.5m，一般地区为 0.7m；

（2）在变更方向及分支处均应装置排管井坑，长度超过 30m 时也应加设井坑；

（3）井坑深度不小于 0.8m，人孔直径不小于 0.7m；

（4）排管应有倾向井坑 0.5%～1% 的排水坡度。

Je3C126　简述电缆头制作的一般操作程序。

答：（1）制作前的准备包括：① 阅读安装说明书；② 察

看现场；③ 备料；④ 电缆检验是否受潮；⑤ 制作前测试等。

（2）接头的制作过程包括：① 割断多余电缆；② 电缆保护层的剥切；③ 导体连接；④ 包绕绝缘（或收缩管材）；⑤ 安装接头外壳；⑥ 灌注绝缘剂；⑦ 进行密封处理等。

（3）制作后电气测试。

Je3C5127　制作电缆头时，对上下扳弯电缆导体有何要求？

答：扳弯导体时，不得损伤纸绝缘，导体的弯曲半径不得小于电缆导体的 10 倍。制作时要特别小心，应使导体弯曲部分均匀受力，否则极易损伤绝缘纸。

Je3C5128　简述塑料电缆的热收缩密封法。

答：热缩法适用于中、低压橡、塑电缆接头和终端头的密封，也可适用于不滴流和黏性浸渍绝缘电缆。采用交联聚乙烯型和硅橡胶型两大类遇热后能均匀收缩的热缩管。将这种管材套于预定的粘合密封部位，并在粘和部位涂上热熔胶，当加热到一定温度后 120～140℃，热缩管将收缩，同时热熔胶熔化，待自然冷却后即形成一道良好的密封封层。

Je3C4129　为什么要进行电缆的核相？

答：电力系统是三相供电系统，其三相之间有一个固定的相位差，当两个或两个以上的电力网并列时，其相位必须相同，否则会使电网无法并列运行，甚至会损坏发、供电设备。电缆线路在电力系统中是将系统中某个部分两端的电气设备连接起来的，因此，就要求电缆每相连接的两端设备的相位要求同相，可是电缆的相位是无法用直观的方法来得到的，只能用仪器来进行判断，这就是电缆在与设备连接前要进行核相。

Je3C1130　控制二次回路接线应符合哪些要求？

答：（1）按图施工接线正确；

（2）导线的电气连接应牢固可靠；

（3）盘柜内的导线不应有接头，导导体线应无损伤；

（4）电缆导体端部应标明其回路编号，编号应正确，字迹清晰且不易脱色；

（5）配线应整齐、清晰、美观，导线绝缘应良好、无损；

（6）每个接线端子的每侧接线宜为一根，最多不得超过两根。

Je3C4131　电力电缆在敷设前应进行哪些试验和检查？

答：敷设前应检查电缆的型号、规格及长度是否符合要求，是否有外力损伤，低压电缆用1000V绝缘电阻表摇测绝缘电阻，阻值一般不应低于10MΩ，高压电缆用2500V绝缘电阻表摇测阻值一般不低于400MΩ。

Je3C4132　主厂房内敷设电缆时一般应注意什么？

答：在主厂房内敷设电缆时一般应注意：

（1）凡引至集控室的控制电缆宜架空敷设；

（2）6kV电缆宜用隧道或排管敷设，地下水位高处亦可架空或用排管敷设；

（3）380V电缆当两端电缆在零米时宜用隧道、沟或排管，当一端设备在上、一端在下时，可部分架空敷设，当地下水位较高时，宜架空。

Je3C5133　简述环氧树脂复合物的构成及性能。

答：环氧树脂复合物由环氧树脂加入硬化剂、填充剂增韧剂和稀释剂组成。具有以下性能：

（1）有足够的机械强度；

（2）电气性能优良；

（3）电气性能稳定；

（4）与有色金属有足够的黏附力；

（5）耐腐蚀性好；

（6）户外使用时，耐雨、耐光、耐湿热。

Je3C3134　电缆分支箱的维护项目有哪些？

答：（1）检查周围地面环境；

（2）检查通风机、防漏情况；

（3）检查门锁及螺丝；

（4）油漆铁件。

Je2C2135　直埋敷设电缆路径的选择，应考虑哪些因素？

答：（1）应避开含有酸、碱强腐蚀度或杂散电流电化学腐蚀严重影响的地段；

（2）无防护措施时，宜避开白蚁危害地带、热源影响和易造外力损伤的区段。

Je2C3136　振荡波试验方法有哪些优点？

答：（1）能有效地检测缺陷；

（2）与 50Hz 试验结果相一致；

（3）设备简单、便宜；

（4）没有电压限制。

Je2C3137　交联聚乙烯绝缘电缆的绝缘中含有微水，对电缆安全运行会产生什么危害？

答：虽然绝缘中所含有的微水的直径一般只有几个微米，但在电场的作用下，微观上的小水珠的空隙之间会形成一个放电通道微水珠越多，放电通道也越多，久而久之放电通道会连成一体，从而在绝缘体中形成水树枝，最终造成绝缘击穿；因此在生产过程中须严格控制绝缘中水的含量，以减少水树枝形成的机会。

Je2C3138　环网柜的机械调试项目有哪些？

答：环网柜的机械调试项目分合闸操动结构机械性能、联锁试验。应能顺利分合，无卡死现象，各种闭锁调试主要是指：

（1）接地开关与有关隔离开关的互相联锁；

（2）接地开关与有关电压互感器的互相联锁；

（3）隔离开关与有关断路器（负荷开关）的互相联锁；

（4）隔离开关与有关隔离开关联锁。

Je2C3139　交联聚乙烯绝缘电缆产生"绝缘回缩"的主要原因是什么？

答：交联电缆产生"绝缘回缩"的主要原因在于电缆生产过程中的热效应。

（1）交流电缆在生产过程中，交联电缆温度超过结晶融化温度，使得其压缩弹性模数大幅度下降。然而电缆生产线冷却过程较为迅速，使得电缆热应力没有完全释放，最终在电缆本体中形成应力。

（2）交联电缆绝缘和导体的热膨胀系数不同，相差 10～30 倍。交联聚乙烯对金属导体而言，较容易回缩。

Je2C4140　选择电力电缆的截面应从哪几个方面考虑？

答：应考虑如下几个方面：

（1）电缆长期允许通过的工作电流；

（2）短路时的热稳定性；

（3）线路上的电压降不能超出允许工作范围。

Je2C4141　安装 GIS 终端应注意哪些问题？

答：GIS 终端在施工中应注意的问题：

（1）和 GIS 的配合问题；

（2）GIS 终端的筒体内尺寸应符合 IEC 标准；

（3）由于 GIS 终端的长度较短，应保证电缆的垂直度；

（4）真空注油要求和户外终端的要求相同；

（5）终端进 GIS 筒体前应将终端清洗干净，安装不锈钢屏蔽罩后，将终端出线杆与导电金具连接；

（6）密封圈上的硅脂应采用专用硅脂。

Je2C4142　电缆防火有哪些措施？

答：（1）采用阻燃电缆；

（2）采用防火电缆托架；

（3）采用防火涂料；

（4）电缆隧道、夹层出口等处设置防火隔墙、防火挡板；

（5）架空电缆应避开油管道、防爆门，否则应有要取局部穿管或隔热防火措施。

Je2C5143　电力电缆的内屏蔽层与外屏蔽层各在什么部位？采用什么材料？有何作用？

答：为了使绝缘层和电缆导体有较好的接触，消除导体表面的不光滑引起的导体表面电场强度的增加，一般在导体表面包有金属化纸或半导体纸带的内屏蔽层。为了使绝缘层和金属护套有较好的接触，一般在绝缘层外表面包有外层屏蔽层。外屏层与内屏层的材料相同，有时还外扎铜带或编织铜丝带。

Je2C2144　单芯电缆护套一端接地方式中为什么必须安装一条沿电缆平行敷设的回流线？

答：在金属护套一端接地的电缆线路中，为确保护套中的感应电压不超过允许标准，必须安装一条沿电缆线路平行敷设的导体，且导体的两端接地，这种导体称为回流线。当发生单相接地故障时，接地短路电流可以通过回流线流回系统中心点，由于通过回流线的接地电流产生的磁通抵消了一部分电缆导线接地电流所产生的磁通，因而可降低短路故障时护套的感应电压。

Je2C3145　电缆工程可划分为几个项目？

答：（1）工地运输：工程材料从仓库到施工点的装卸、运输和空车回程；

（2）土方工程：路面开挖、隧、沟道施工等；

（3）敷设工程：敷设、中间头制作、掀盖板、埋管、校潮、牵引头制作等；

（4）两端工程：支、吊桥架和其基础的制作安装，终端头制作，油压力和信号装置的安装，各种电气性能测试等；

（5）塞止工程：充油电缆塞止头制作、供油箱、自动排水及信号装置的安装等；

（6）接地工程：绝缘接头、换位箱、保护器、接地箱安装等。

Je2C4146　电缆线路的验收应进行哪些检查？

答：（1）电缆规格应符合规定，排列应整齐，无损伤，标牌齐全、正确、清晰；

（2）电缆的固定弯曲半径、有关距离及单芯电力电缆的金属护层的接线应符合要求；

（3）电缆终端、中间头不渗漏油，安装牢固，充油电缆油压及表计整定值应符合要求；

（4）接地良好；

（5）电缆终端相色正确，支架等的金属部件油漆完整；

（6）电缆沟及隧道内、桥架上应无杂物，盖板齐全。

Je2C4147　电缆验收报告中主要包括哪些内容？

答：验收报告中主要包括以下几个方面的内容：

（1）工程概况说明；

（2）验收项目签证，其中包括：① 电缆敷设；② 电缆终端；③ 电缆接头；④ 土建设施；⑤ 二次信号装置；⑥ 试验报告；⑦ 电缆技术资料；⑧ 中间验收签证记录等。

Je1C3148　哪些电缆缺陷可以带电处理？

答：（1）在不加热的前提下补修电缆金属护套；

（2）终端缺油补油；

（3）更换终端引出线；

（4）终端外接点发热检修。

Je1C4149　电缆线路正序阻抗测量过程中有什么要求？

答：电缆导体的交流电阻和电缆三相间感抗的相量和称为正序阻抗。电缆线路的正序阻抗一般可在电缆盘上直接测量，测量时一般使用较低的电压，因此，需要用降压变压器进行降压，降压变压器采用星形接线，容量一般为 10kVA 以上，有较广的电压调节范围，测量时交流电源应比较稳定，以保证测量时电流达到规定的要求，实际电压表的读数值必须是电缆端的电压，试验电流最好接近电缆长期允许载流量，测读各表计的数值时，合上电流后同时读取 3 个表的数值。

Je1C5150　电力电缆交接试验的项目，包括哪些内容？

答：（1）测量绝缘电阻；

（2）直流耐压试验及泄漏电流测量；

（3）交流耐压试验；

（4）测量金属屏蔽层电阻和导体电阻比；

（5）检查电缆线路两端的相位；

（6）充油电缆的绝缘油试验；

（7）交叉互联及接地系统试验。

Je1C5151　电缆线路的技术管理工作有哪些内容？

答：电缆线路的技术工作主要有以下几个方面：

（1）技术资料的管理；

（2）电缆线路的可靠性管理；

（3）电缆线路的设备管理；

（4）电缆线路的绝缘监督和缺陷管理；

（5）电缆线路维护和更新改造计划的编制；

（6）反事故措施和规程制度的制定、检查和监督执行：工艺规程的编制；

（7）新技术，新工艺，新材料的开发、应用和推广；

（8）备品的管理；

（9）技术的培训。

Je1C5152　电缆线路需要备有哪些技术资料？

答：① 电缆网络总图；② 电缆网络的系统图；③ 电缆线路图；④ 电缆截面图；⑤ 电缆附件装配图；⑥ 电缆线路索引卡；⑦ 故障报告；⑧ 线路专档；⑨ 供油管路图和示警信号图。

Je1C5153　怎样编写电缆的运行、维护与检修计划？

答：城市电缆网必须贯彻"$N-1$ 的安全原则"，必须根据线路检查和试验结果编写电缆年度电缆线路的维修计划。计划的内容包括工作项目、工作进度、劳动力安排、材料准备和主要材料消耗数量。总的工作量应从下列诸方面进行考虑：

（1）年平均供电故障次数；

（2）年平均定期预防试验击穿的次数；

（3）拟加改装的有缺陷的接头或终端数量；

（4）根据各电压等级电缆线路的运行状况分析和反事故对策提出的措施；

（5）根据电缆线巡视、温度测量、负荷检查等提出的措施；

（6）有关防止电缆腐蚀的工作；

（7）配合供电线路更换电杆或配电变压器等的年平均工作量；

（8）城建部门的统一规划改建的有关配合工作；

（9）在制订计划时，运行部门应充分考虑供电调度问题。

Je1C5154 施工组织设计的专业设计一般内容有哪些？

答：（1）工程概况；

（2）平面布置图和临时建筑的布置与结构；

（3）施工负责人、技术员、安全员等施工人员组成；

（4）主要施工方案；

（5）施工技术供应，物质供应，机械及工具配备力能供应及运输等各项计划；

（6）有关特殊的准备工作；

（7）综合进度安排；

（8）保证工程质量、安全，降低成本和推广技术革新项目等指标和主要技术措施。

Je1C5155 电缆工程竣工交接验收应检查哪些项目？

答：交接验收时，应按下列要求进行检查：

（1）电缆规格应符合规定；排列整齐，无机械损伤；标志牌应装设齐全、正确、清晰。

（2）电缆的固定、弯曲半径、有关距离和单芯电力电缆的金属护层的接线、相序排列等应符合要求。

（3）电缆的固定、电缆接头及充油电缆的供油系统应安装牢固，不应有渗漏现象；充油电缆的油压及表计整定值应符合要求。

（4）接地应良好；充油电缆及护层保护器的接地电阻应符合设计。

（5）电缆终端的相色正确，电缆支架等的金属部件防腐层应完好。

（6）电缆沟内应无杂物，盖板齐全，隧道内应无杂物，照明，通风、排水等设施应符合设计。

（7）直埋电缆路径标志，应与实际路径相等；路径标志清晰、牢固，间距适当。

（8）水底电缆线路两岸，禁锚区内的标志和夜间照明装置应符合设计。

（9）防火措施应符合设计，且施工质量合格。

Je1C5156　电缆工程竣工交接验收时，施工单位应提交哪些下列资料和技术文件？

答：（1）电缆线路路径的协议文件。

（2）设计资料图纸、电缆清册、变更设计的证明文件和竣工图。

（3）直埋电缆输电线路的敷设位置图，比例宜为 1:500。地下管线密集的地段不应小于 1:100；在管线稀少、地形简单的地段为 1:1000；平行敷设的电缆线路，宜合用一张图纸。图上必须标明各线路的相对位置，并有标明地下管线的剖面图。

（4）制造厂提供的产品说明书、试验记录、合格证件及安装图纸等技术文件。

（5）隐蔽工程的技术记录。

（6）电缆线路的原始记录：① 电缆的型号、规格及其实际敷设总长度及分段长度，电缆终端和接头的型式及安装日期；② 电缆终端和接头中填充的绝级材料名称、型号。

（7）试验记录。

Jf5C1157　根据《电业生产安全规定》，电气工作人员必须具备的条件是什么？

答：必须具备下列条件：

（1）经医生鉴定身体健康，无妨碍工作的病症（体格检查每两年至少一次）；

（2）具备必要的电气知识和业务技能，且按工作性质掌握相关的规程，并经考试合格；

（3）具备必要的安全生产之知识，学会紧急救护法，特别要学会触电急救方法。

Jf5C2158　如何对触电者进行紧急救护？

答：首先迅速脱离电源；其次现场就地急救，应争分夺秒。如果被救护者心跳和呼吸都已停止失去知觉时，立即就地迅速用心肺复苏法抢救，采取口对口人工呼吸和人工胸外挤压两种急救方法同时进行。如果现场只有 1 人抢救时，可交替使用这两种办法，先行口对口吹气 2 次，再进行心脏挤压 15 次，如此循环连续操作，直到救活为止，在保证急救的同时应设法通知医生。

Jf5C3159　气割的基本原理是什么？

答：气割是利用可燃气体与氧气混合燃烧的预热火焰，将金属加热到燃烧点，并在氧气射流中剧烈燃烧而将金属分开的加工方法。

Jf4C5160　扑灭电气火灾时应注意哪些？

答：（1）切断电源，火灾现场尚未停电时，应设法先切断电源；

（2）防止触电，人身与带电体之间保持必要的安全距离，电压 110kV 及以下者不应小于 3m，220kV 及以上者不应小于 5m；

（3）泡沫灭火器不宜用于带电灭火。

Jf4C3161　怎样使用手提式干粉灭火器？

答：先打开喷嘴盖，拔出保险销，提起灭火器，然后一只手握住喷粉管，把喷嘴对准火焰根部，一只手按下压把，由近到远，左右横扫，迅速向前推进，注意不要使火焰窜回，以防复燃。

Jf3C3162　搪铅操作使用应注意什么？

答：（1）封铅要与电缆金属护套和电缆附件的铜套管紧密

连接，封铅致密性好，不应有杂质和气泡；

（2）搪铅时要掌握好温度，时间要短，温度不能过高，不能超过电缆绝缘最高允许工作温度；

（3）搪铅圆周方向应厚度均匀，外观要美观。

Jf2C4163　电缆泄漏电流值除电缆绝缘性能外，还与哪些因素有关？

答：（1）试验接线方式；

（2）试验电源电压波动；

（3）表面泄漏电流；

（4）高压引线的电晕电流；

（5）环境温度和湿度。

Jf1C3164　怎样培训电缆运行、安装人员？

答：电缆线路电缆运行、安装人员的技术培训要突出培养各项基本功，学习内容主要有：

（1）电工理论基础知识；

（2）电力电缆的结构和特性；

（3）电缆敷设和接头、终端的制作方法；

（4）看懂电缆线路设计书、电力系统运行图及接头工艺的装配图；

（5）各种常用绝缘材料的性能、加工和保管方法；

（6）进行杆塔上高空作业技能；

（7）电缆实验技术；

（8）熟悉安全和质量管理的规划制度（包括城建、公用事业、交通运输等有关的规定；

（9）计算机和其他相关技能。

4.1.4　计算题

La5D3001　某电炉炉丝电阻 R 为 10Ω，若接在 U 为 220V 电源中，电流 I 为多少？

解：
$$I = \frac{U}{R} = \frac{220}{10} = 22 \text{（A）}$$

答： 电流为 22A。

La5D4002　试求图 D-1 所示回路的总电流值。

解： 已知 $U = 10\text{V}$，$R_1 = 2\Omega$，

$R_2 = 2\Omega$，回路总电阻 $R = \dfrac{R_1 R_2}{R_1 + R_2} =$

$\dfrac{2 \times 2}{2 + 2} = 1 \text{（Ω）}$

总电流　$I = \dfrac{U}{R} = \dfrac{10}{1} = 10 \text{（A）}$

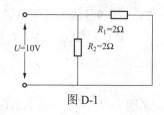

图 D-1

答： 回路总电流值为 10A。

La4D2003　在 R、L、C 串联电路中，已知电路电流 $I = 1\text{A}$，各电压为 $U_R = 15\text{V}$、$U_L = 80\text{V}$、$U_C = 100\text{V}$，求：① 电路总电压 U；② 有功功率 P；③ 无功功率 Q 各是多少？

解： $U = \sqrt{U_R^2 + (U_L - U_C)^2} = \sqrt{15^2 + (80 - 100)^2}$
$$= 25 \text{（V）}$$

$$P = U_R I = 15 \times 1 = 15 \text{（W）}$$

$$Q = (U_L - U_C)I = (80 - 100) \times 1 = -20 \text{（var）}$$

答： 电路总电压 U 为 25V，有功功率 P 为 15W，无功功率 Q 为 –20var。

La4D3004　有一个三相负荷，其有功功率 $P=20\text{kW}$，无功功率 $Q=15\text{kVA}$，求功率因数 $\cos\varphi$？

解：$S=\sqrt{P^2+Q^2}=\sqrt{20^2+15^2}=25\text{ (kVA)}$

$$\cos\varphi=P/S=20/25=0.8$$

答：功率因数为 0.8。

Lb3D3005　测量一段导线的实验装置如图 D-2 所示，该导线长为 2m，截面积为 0.5mm^2，如果安培表读数为 1.16A，伏特表读数为2V，问该导线的电阻率是多大？

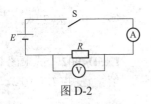

图 D-2

解：已知 $U=2\text{V}$，$I=1.16\text{A}$，根据欧姆定律，算出电阻

$$R=\frac{U}{I}=\frac{2}{1.16}=1.72\text{（}\Omega\text{）}$$

又因为 $R=\dfrac{\rho L}{S}$，可求出该导线的电阻率

$$\rho=\frac{RS}{L}=\frac{1.72\times0.5}{2}=0.43\text{（}\Omega\cdot\text{mm}^2/\text{m}\text{）}$$

答：该导线的电阻率是 0.43Ω·mm^2/m。

La3D2006　已知 $i=38\sin(\omega t+30°)$ 的初相位 Ψ 是多少？电流的有效值 I 是多少？

解：当 $t=0$ 时，可得其初相位　$\Psi=\omega t+30°=30°$

电流有效值　$I=\dfrac{I_{\max}}{\sqrt{2}}=\dfrac{38}{2}=26.9\text{（A）}$

答：初相位为 30°，电流的有效值为 26.9A。

La3D3007　一段铜导线，当温度 $t_1=20℃$ 时，它的电阻 $R_1=5\Omega$，当温度升到 $t_2=25℃$ 时，它的电阻增大到 $R_2=5.1\Omega$，那么它的温度系数 α 是多少？

解：已知 $t_1 = 20℃$，$R_1 = 5Ω$，$t_2 = 25℃$，$R_2 = 5.1Ω$

温度变化值 $\Delta t = t_2 - t_1 = 25 - 20 = 5$（℃）

电阻变化值 $\Delta R = R_2 - R_1 = 5.1 - 5 = 0.1$（Ω）

温度每变化 1℃时，所引起的电阻变化 $\Delta R / \Delta t = 0.1/5 = 0.02$（Ω/℃）

温度系数 $\alpha = \Delta R / \Delta t / R_1 = 0.02/5 = 0.04$（℃$^{-1}$）

答：铜导线的温度系数为 0.04℃$^{-1}$。

La2D1008 图 D-3 中 $R_1 = R_2 = R_3 = 2Ω$，$R_4 = R_5 = 4Ω$，试求 A、B 间的等效电阻 R_{AB}。

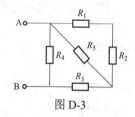

图 D-3

解：1. 按要求在原电路中标出字母 C，如图 D-3（1）所示。

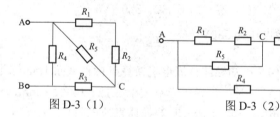

图 D-3（1）　　　　　　　图 D-3（2）

2. 将 A、B、C 各点沿水平方向排列，并将 $R_1 \sim R_5$ 依次填入相应的字母之间。R_1 与 R_2 串联在 A、C 间，R_3 在 B、C 之间，R_4 在 A、B 之间，R_5 在 A、C 之间，即可画出等效电路图，如图 D-4（2）所示。

3. 由等效电路可求出 A、B 间的等效电阻，即

$$R_{12} = R_1 + R_2 = 2 + 2 = 4 \ (Ω)$$

$$R_{125} = \frac{R_{12} \times R_5}{R_{12} + R_5} = \frac{4 \times 4}{4 + 4} = 2 \ (Ω)$$

$$R_{1253} = R_{251} + R_3 = 2 + 2 = 4 \ (Ω)$$

$$R_{AB} = \frac{R_{1253} \times R_4}{R_{1253} + R_4} = \frac{4 \times 4}{4 + 4} = 2 \ (\Omega)$$

答：A、B 间的等效电阻 R_{AB} 电阻为 2Ω。

La1D1009 一个电阻 $R = 20\Omega$ 与电感线圈串联在交流电源中，线圈电阻 30Ω，电阻两端的电压为 120V，线圈电压为 294.6V，求电源电压。

解：串联电路电流 $I = \dfrac{U_R}{R} = \dfrac{120}{20} = 6 \ (A)$

线圈阻抗 $\qquad Z_L = \dfrac{U_L}{I} = \dfrac{294.6}{6} = 49.1 \ (\Omega)$

线圈感抗 $\quad X_L = \sqrt{{Z_L}^2 - {R_L}^2} = \sqrt{49.1^2 - 30^2} = 38.86 \ (\Omega)$

电路总阻抗 $\quad Z = \sqrt{(20+30)^2 + 38.86^2} = 63.32 \ (\Omega)$

电源电压 $\qquad U = ZI = 6 \times 63.32 = 380 \ (V)$

答：电源电压为 380V。

Lb5D1010 已知导体直流电阻换算到标称截面 1mm²、长度 1m、温度 20℃时，铝导体应不大于 $3.12 \times 10^{-5}\Omega \cdot mm$，求截面为 120mm²、长度为 1km 时的导体直流电阻是多少？

解：已知 $L = 1km = 10^6 mm$，$S = 120mm^2$，$\rho = 3.12 \times 10^{-5}\Omega \cdot mm$

导体电阻 $R = \rho \dfrac{L}{S} = 3.12 \times 10^{-5} \times \dfrac{10^6}{120} = 0.26 \ (\Omega)$

答：截面为 120mm²、1km 时的导体直流电阻是 0.26Ω。

Lb5D2011 某台三相电力变压器，其一次绕组电压为 6kV，二次绕组电压为 230V，求该变压器的变比是多少？若一次绕组为 1500 匝，试问二次绕组应为多少？

解：已知 $U_1 = 6kV$，$U_2 = 230V$，$N_1 = 1500$ 匝

因为 $$\frac{U_1}{U_2} = \frac{N_1}{N_2}$$

变压器变比 $$K = \frac{U_1}{U_2} = \frac{6000}{230} \approx 26$$

所以二次绕组匝数 $$N_2 = \frac{N}{K} = \frac{1500}{26} \approx 58 \text{（匝）}$$

答：该变压器的变比为 26，当一次绕组为 1500 匝时，二次绕组应为 58 匝。

Lb5D3012 单相变压器的一次侧电压 $U_1 = 3000V$，其变压比 $K_U = 15$，求二次侧电压 U_2 是多少？当二次侧电流 $I_2 = 60A$ 时，求一次侧电流 I_1 是多少？

解：已知 $U_1 = 3000V$，$K_U = 15$，$I_2 = 60A$

因为 $$\frac{U_1}{U_2} = K_U$$

所以二次侧电压 $$U_2 = \frac{U_1}{K_U} = \frac{3000}{15} = 200 \text{（V）}$$

因为 $$\frac{I_1}{I_2} = \frac{1}{K_U}$$

所以一次侧电流 $$I_1 = \frac{I_2}{K_U} = \frac{60}{15} = 4 \text{（A）}$$

答：一次侧电流为 4A，二次侧电压为 200V。

Lb5D3013 把 $L = 0.1H$ 的电感线圈接在 220V、50Hz 的交流电源上，求感抗 X_L 和电流 I 各是多少？

解：$U = 220V$，$f = 50Hz$

$$X_L = 2\pi f L = 2\pi \times 50 \times 0.1 \approx 31.4 \text{（}\Omega\text{）}$$

$$I = \frac{U}{X_L} = \frac{220}{31.4} \approx 7 \text{（A）}$$

答：感抗为 31.4Ω，电流为 7A。

Lb5D4014 交流接触器的电感线圈电阻 $R=200\Omega$，$L=7.3\text{H}$，接到电压 $U=220\text{V}$，$f=50\text{Hz}$ 的电源上，求线圈中的电流是多少？如果接到 220V 的直流电源上，求此时线圈中的电流以及会出现什么后果（线圈的允许电流为 0.1A）？

解：感抗 $X_{\text{L}}=\omega L=314\times 7.3=2292$（$\Omega$）

因为 $X_{\text{L}} \gg R$

所以取 $Z=X_{\text{L}}$

当接到交流电源上时电流

$$I_1=U/Z=220/2292=0.096 \text{（A）}$$

当接到直流电源上时 $I_2=U/R=220/200=1.1$（A）

因为 $I \gg 0.1\text{A}$

所以线圈会烧毁。

答：线圈中的电流为 0.096A，当接到直流电源上时线圈会烧毁。

Lb4D3015 求图 D-4（a）所示电路中 m_1 和 m_2 点之间的等效电阻 R 值。

解：已知 $R_1=2\Omega$，$R_2=5\Omega$，$R_3=4\Omega$，$R_4=9\Omega$，$R_5=3.7\Omega$，$R_6=1.75$

先将原电路 R_3、R_4 改为 $R_{34}=13\Omega$，并将 R_1、R_2、R_{34} 组成的三角形改为星形，电路如图 D-4（b）所示。

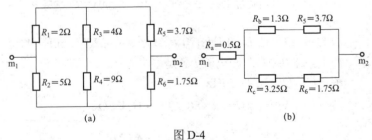

(a)   (b)

图 D-4

$$R_{\text{a}}=\frac{R_1 R_2}{R_1+R_2+R_{34}}=\frac{2\times 5}{2+5+13}=0.5 \text{（}\Omega\text{）}$$

$$R_{\mathrm{b}} = \frac{R_1 R_{34}}{R_1 + R_2 + R_{34}} = \frac{2 \times 13}{2 + 5 + 13} = 1.3 \ (\Omega)$$

$$R_{\mathrm{c}} = \frac{R_2 R_{34}}{R_1 + R_2 + R_{34}} = \frac{5 \times 13}{2 + 5 + 13} = 3.25 \ (\Omega)$$

$$R = R_{\mathrm{a}} + \frac{(R_{\mathrm{b}} + R_5)(R_{\mathrm{c}} + R_6)}{R_{\mathrm{b}} + R_5 + R_{\mathrm{c}} + R_6}$$

$$= 0.5 + \frac{(1.3 + 3.7)(3.25 + 1.75)}{1.3 + 3.7 + 3.25 + 1.75} = 3 \ (\Omega)$$

答：m_1 和 m_2 点之间的等效电阻为 3Ω。

Lb4D3016 用星—三角变换公式，求解图 D-5（a）所示电路中 A、B 两间的等效电阻 R_0 的值，已知电路中电阻 $R_1 = 4.5\Omega$、$R_2 = 3\Omega$、$R_3 = 15\Omega$、$R_4 = 1\Omega$、$R_5 = 4\Omega$。

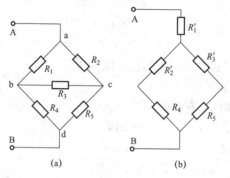

图 D-5

解：将三角形 abc 转化为星形，如图 D-5（b）所示，利用星—三角变换公式得

$$R_1' = \frac{R_1 R_2}{R_1 + R_2 + R_3} = \frac{4.5 \times 3}{4.5 + 3 + 15} = 0.6 \ (\Omega)$$

$$R_2' = \frac{R_1 R_3}{R_1 + R_2 + R_3} = \frac{4.5 \times 15}{4.5 + 3 + 15} = 3 \ (\Omega)$$

$$R_3' = \frac{R_2 R_3}{R_1 + R_2 + R_3} = \frac{3 \times 15}{4.5 \times 3 + 15} = 2 \ (\Omega)$$

A、B 两点间的等效电阻 $R_0 = R_1' + \dfrac{(R_2' + R_4)(R_3' + R_5)}{R_2' + R_4 + R_3' + R_5} =$

$0.6 + \dfrac{(3+1)(2+4)}{3+1+2+4} = 3$（$\Omega$）

答：A、B 两点间的等效电阻 R_0 为 3Ω。

Lb4D4017 如图 D-6 所示为一复杂直流电阻电路，已知 $R_1 = R_2 = R_3 = R_4 = R_5 = R$，试求电路中 A、B 两点的等效电阻（$R_{AB}$）。

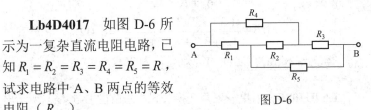

图 D-6

解：由于 R_1、R_2、R_3、R_4、R_5 均相等，刚好组成一个平衡电桥，故 R_2 两端等电位，不起作用，所以

$$R_{AB} = \frac{R_1 R_4}{R_1 + R_4} + \frac{R_3 R_5}{R_3 + R_5} = \frac{R^2}{2R} + \frac{R^2}{2R} = R$$

答：A、B 两点间的等效电阻为 R。

Lb4D4018 在如图 D-7 所示交流放大电路中，已知 $E_c = 20V$，$R_c = 6k\Omega$，$R_b = 470k\Omega$，$\beta = 43$，正向导通电压为 0.7V，计算静态工作点。

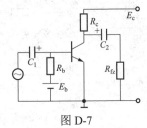

图 D-7

解：电阻 R_b 中电流

$$I_b = \frac{E_c - U_{be}}{R_b} = \frac{20 - 0.7}{470 \times 10^3} = 0.041 \text{（mA）}$$

R_c 中电流 $I_c = \beta I_b = 43 \times 0.041 = 1.76$（mA）

三极管 c、e 两极间电压 $U_{ce} = E_c - I_c R_c = 20 - 1.76 \times 10^{-3} \times 6 \times 10^{-3} = 9.4$（V）

答：I_b、I_c、U_{ce} 分别为 0.041mA、1.76mA、9.4V。

Lb4D4019 如图 D-7 所示，已知 $r_{be} = 0.8$、$u_{sr} = 10mV$，若

负荷电阻 $R_{fz} = 5k\Omega$，求电压放大倍数 K_u（r_{be} 为晶体管输入端等效电阻；u_{sr} 为输入电压）。

解： R_b 中电流 $I_b = \dfrac{u_{sr}}{r_{be}} = \dfrac{10 \times 10^{-3}}{0.8 \times 10^3} = 12.5$（μA）

R_c 中电流 $I_c = \beta I_b = 43 \times 12.5 = 0.538$（mA）

$$R'_{fz} = \frac{R_c R_{fz}}{R_c + R_{fz}} = \frac{6 \times 5}{6 + 5} = 2.73 \text{（k}\Omega\text{）}$$

$u_{sc} = -I_c R'_{fz} = -0.538 \times 10^{-3} \times 2.73 \times 10^3 = -1.47$（V）

$$K_u = \frac{u_{sc}}{u_{sr}} = -\frac{1.47}{10 \times 10^{-3}} = -147$$

答： 电压放大倍数 K_u 为 147。

Lb4D4020 有一只电压为110V、功率为75W 的白炽灯泡，要在电压为220V，频率50Hz 的线路上使用，为了使灯泡两端的电压能够等于额定电压110V，可以用一只电感线圈与灯泡串联（线圈电阻忽略不计），试求所需电感值 L。

解： 已知 $U_1 = 110V$，$U_2 = 220V$，$P = 75W$，$f = 50Hz$

由于电感线圈的电压与灯泡上的电压在相位上差 $90°$，电感上的电压 $U_L = \sqrt{U_2^2 - U_1^2} = \sqrt{220^2 - 110^2} \approx 191$（V）

灯泡中流过的电流 $I = \dfrac{U_1}{U_L} \approx \dfrac{110}{191} = 0.576$（A）

因为 $\qquad\qquad\qquad U_L = \omega IL$

所以 $\qquad L = \dfrac{U_L}{\omega I} \approx \dfrac{191}{314 \times 0.576} = 1.056$（H）

答： 所需电感值为 1.056H。

Lb4D5021 有一三角形连接的三相对称负荷，每相具有电阻 $R = 8\Omega$，感抗 $X_L = 6\Omega$，接在线电压为380V 的电源上，求该三相负荷的有功功率 P、无功功率 Q、视在功率 S 各为多少？

解：已知 $R=8\Omega$，$X_L=6\Omega$，$U=380V$

线路阻抗 $Z=\sqrt{R^2+X_L^2}=\sqrt{8^2+6^2}=10$（$\Omega$）

电流 $\qquad I=\dfrac{U}{Z}=\dfrac{380}{10}=38$（A）

$$P=3IR^2=3\times38^2\times8=34\,656\text{（W）}$$

$$Q=3I^2X_L=3\times38^2\times6=25\,992\text{（var）}$$

$$S=U_{max}I=3\times380\times38=43\,320\text{（VA）}$$

答：该三相负荷的有功功率、无功功率、视在功率分别为 34 656W、25 992var、43 320VA。

Lb3D2022　如图 D-8 所示的电桥电路，其参数如图中所示，当将开关 S 合上后，流过检流计的电流 I 为多少？

解：已知 $R_1=6\Omega$，$R_2=2\Omega$，$R_3=3\Omega$，$R_4=2\Omega$，$U=5V$

根据 $R_1R_4=R_2R_3$，即 $6\times2=3\times4$，知此时电桥已经平衡，所以 $I=0$（A）

答：流过检流计的电流为零。

Lb3D2023　如图 D-9 所示是对称三相电源的三角形连接，如果将 CA 绕组反接，试问三角形回路总电动势为多少？

解：正接时，因三相对称电动势的瞬时值的代数和（或有效值相量的和）为零，即 $e_A+e_B+e_C=0$ 或 $E_A+E_B+E_C=0$

当 CA 绕组反接时，$E_A-E_B-E_C=-2E_C$

答：当 CA 绕组反接时三角形回路总电动势为 $-2E_C$。

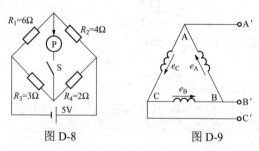

图 D-8　　　　　图 D-9

Lb3D3024 有一单相照明电路，电压为 220V，接有 40W 日光灯 25 盏，配用电感式镇流器时，功率因数 $\cos\varphi_1 = 0.52$，改用电子镇流器时功率因数为 0.73，试计算，改用电子镇流器后电流下降多少？

解：已知 $U = 220V$，$P = 40W$，$\cos\varphi_1 = 0.52$，$N = 25$，$\cos\varphi_2 = 0.73$

$$I_1 = \frac{P \cdot N}{U\cos\varphi_1} = \frac{40 \times 25}{220 \times 0.52} = \frac{1000}{114} = 8.8 \ (A)$$

$$I_2 = \frac{P \cdot N}{U\cos\varphi_2} = \frac{40 \times 25}{220 \times 0.73} = \frac{1000}{160.6} = 6.2 \ (A)$$

电流下降量 $\quad \Delta I = I_1 - I_2 = 8.8 - 6.2 = 2.6 \ (A)$

答：改用电子镇流器后电流下降了 2.6A。

Lb3D3025 四台一组的 BW0.4-12-3 并联电容器，铭牌上标明电容值为 239μF，当实际工作电压为 380V 时，其实际容量 Q_C 为多少（$\omega = 314$）？

解：已知 $C = 239\mu F$，$U = 380V = 0.38kV$，$\omega = 314$

$Q_C = 10^{-3}\omega CU^2 = 314 \times 239 \times 0.38^2 \times 10^{-3} = 10.8 \ (kvar)$

答：实际容量为 10.8kvar。

Lb3D4026 一磁电系毫伏表，量程为 $U_0 = 150mV$，电流 $I_0 = 5mA$，求其内阻 R_0 是多少？若量程扩大至 150V，需附加电阻 R_{fi} 多少？

解：已知 $U_0 = 150mV$，$I_0 = 5mA$，$U_1 = 150V$

$$R_0 = \frac{U_0}{I_0} = \frac{150 \times 10^{-3}}{5 \times 10^{-3}} = 30 \ (\Omega)$$

$$R_{fi} = (m-1)R_0 = \left(\frac{150}{0.15} - 1\right) \times 30 = 29.97 \ (k\Omega)$$

答：需附加的电阻为 29.97kΩ。

Lb3D4027　如图 D-10 所示电路，$U=35\text{kV}$，线路频率 $f=50\text{Hz}$，$R=100\Omega$，$C=20\mu\text{F}$，求 I 及 U 与 I 的夹角 δ 各为多少？

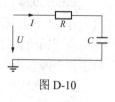

图 D-10

解：容抗 $X_C = \dfrac{1}{\omega C} = \dfrac{1}{314 \times 20 \times 10^{-6}} = 159.2$（$\Omega$）

阻抗 $Z = \sqrt{R^2 + X_C^2} = \sqrt{100^2 + 159.2^2} = 188$（$\Omega$）

$$I = \frac{U}{Z} = \frac{35 \times 10^3}{188} = 186 \text{（A）}$$

$$\tan\delta = \frac{X_C}{R} = \frac{159.2}{200} = 1.592$$

所以　　　　$\delta = \arctan 1.592 = 57.8°$

答：I 为 186A，U 与 I 的夹角为 57.8°。

Lb2D1028　把 500 只 100W、220V 的白炽灯，由单相输电线供电，若输电线的电阻是 0.1Ω，电感性电抗是 0.06Ω，问输电线始端电压为多大？

解：已知 $N=500$，$P=100\text{W}$，$U_0=220\text{V}$，$R=0.1\Omega$，$X=0.06\Omega$

电灯总电流　$I = \dfrac{P_0}{U} = \dfrac{P \cdot N}{U} = \dfrac{100 \times 500}{220} = 227$（A）

因灯泡是无感性负荷，故　$\cos\varphi = 1 \ \sin\varphi = 0$

所以输电线始端电压

$$U = \sqrt{(U_1 + IR)^2 + (IX)^2}$$
$$= \sqrt{(220 + 227 \times 0.1)^2 + (227 \times 0.06)^2} = 243 \text{（V）}$$

答：输电线始端电压是 243V。

Lb2D2029　已知三相异步电动机额定功率为 10kW，额定电流为 20A，铝导线安全电流密度 10mm^2 以下为 $J=5$A，导线截面计算公式为 $S=I_e/0.8J$（I_e 为负荷电流，J 为安全电流密度），此电动机选择导线截面 S 为多少？

解：已知 $I=20$A，$P=10$kV，$J=5$A

$$S=I_e/0.8J=20/5\times0.8=5\ (\mathrm{mm^2})$$

由于导线无 5mm^2 规格，所以此电动机应选用 6mm^2 铝线或 4mm^2 铜线。

答：电动机选择导线截面为 6mm^2 铝线或 4mm^2 铜线。

Lb2D2030 有一星形连接的三相对称负荷，每相具有电阻 $R=8\Omega$，感抗 $X_\mathrm{L}=6\Omega$，接在线电压为 380V 的电源上，求该负荷的相电流、线电流各是多少？

解：已知 $R=8\Omega$，$X_\mathrm{L}=6\Omega$，$U=380$V

阻抗　$Z=\sqrt{R^2+X_\mathrm{L}^2}=\sqrt{8^2+6^2}=64+36=10\ (\Omega)$

$$u_\mathrm{ph}=\frac{U_\mathrm{L}}{\sqrt{3}}=380\times0.58=220\ (\mathrm{V})$$

$$I_\mathrm{L}=I_\mathrm{ph}=\frac{U}{Z}=\frac{220}{10}=22\ (\mathrm{A})$$

答：该负荷的相电流等于线电流为 22A。

Lb2D3031 有一三角形连接的三相对称负荷，每相具有电阻 $R=8\Omega$，感抗 $X_\mathrm{L}=6\Omega$，接在线电压为 380V 的电源上，求该负荷的相电流、线电流各为多少？

解：已知 $R=8\Omega$，$X_\mathrm{L}=6\Omega$，$U=380$V

$$Z=\sqrt{R^2+X_\mathrm{L}^2}=\sqrt{8^2+6^2}=10\ (\Omega)$$

$$I_\mathrm{ph}=\frac{U_\mathrm{ph}}{Z}=\frac{380}{10}=38\ (\mathrm{A})$$

$$I_\mathrm{L}=\sqrt{3}I_\mathrm{ph}=1.732\times38=66\ (\mathrm{A})$$

答：该负荷的相电流为 38A，线电流等于 66A。

Lb2D3032 一磁电系测量机构，$I_C = 500\mu A$，$R_C = 200\Omega$，若要将它制成量程为 1A 的电流表，应并联多大分流电阻？

解：量程扩大倍数为 $n = \dfrac{I}{I_C} = \dfrac{1}{500 \times 10^{-6}} = 2000$

故分流电阻为 $R = \dfrac{R_C}{n-1} = \dfrac{200}{2000-1} = 0.1 \ (\Omega)$

答：应并联的分流电阻为 0.1Ω。

Lb2D4033 有一只万用表，表头等效内阻 $R_a = 10k\Omega$，满刻度电流（即允许通过的最大电流）$I_a = 50\mu A$，如改装成量程为 10V 的电压表，应串联多大的电阻？

解：按题意，当表头满刻度时，表头两端电压 U_a 为

$$U_a = I_a R_a = 50 \times 10^{-6} \times 10 \times 10^3 = 0.5 \ (V)$$

设量程扩大到 10V 需要串入的电阻为 R_X，则

$$R_X = \frac{U_X}{I_a} = \frac{U - U_a}{I_a} = \frac{10 - 0.5}{50 \times 10^{-6}} = 190 \ (k\Omega)$$

答：应串联的附加电阻为 $190k\Omega$。

Lb2D4034 有一台变压器质量 46 000kg，使用两台吊车吊运，已知吊车 A 离变压器重心为 5.5m，吊车 B 离变压器的重心为 2m，求每台吊车受力多大？

解：已知 $m = 46\ 000kg$，$L_A = 5.5m$，$L_B = 2m$

设 S_A 为吊车 A 所受的力，S_B 为吊车 B 所受的力，据杠杆原理，以吊车 B 为支点则重力臂 L_1 为 2m，另一力臂 L_2 为 7.5m，

吊车 A 受力

$$S_A = \frac{mgL_1}{L_2} = \frac{46\ 000 \times 9.8 \times 2}{7.5} = 120\ 213 = 120.213 \ (kN)$$

吊车 B 受力

$$S_B = mg - S_A = 46\ 000 \times 9.8 - 120\ 213 = 330\ 587 = 330.587 \ (kN)$$

答：吊车 A、B 受力分别为 120.213kN、330.587kN。

La1D1035 R、L、C 串联电路，已知 $L=20$mH，$C=200$pF，$R=100\Omega$，问电路的谐振频率 f 为多少？

解： $f=\dfrac{1}{2\pi\sqrt{LC}}=\dfrac{1}{2\pi\sqrt{20\times10^{-3}\times200\times10^{-3}}}\approx80$（kHz）

答：电路的谐振频率为 80kHz。

Lb1D2036 如图 D-11 所示，有一支日光灯和一只白炽灯并联接在 $f=50$Hz、电压 $U=220$V 的电源上，日光灯功率 $P_1=40$W，功率因数 $\cos\varphi=0.5$，白炽灯功率为 60W，问日光灯支路电流 I_1、白炽灯支路电流 I_2 和总电流 I 各为多少及 I_1、I_2 与 U 的相位关系？

解：（1）$I_1=P_1/UI\cos\varphi=40/(220\times0.5)=0.363$ (A)

（2）$I_2=P_2/U=60/220=0.273$（A）

$\because\cos\varphi=0.5$ $\therefore\varphi=60°$

即 I_1 比 U 滞后 $60°$，I_2 与 U 同相位，其相量图如图 D-11（1）所示

$$I=\sqrt{I_{1Q}^2+(I_{1P}+I_2)^2}$$

$$=\sqrt{(I_1\sin\varphi)^2+(I_1\sin\varphi+I_2)^2}$$

$$=\sqrt{(0.363\times\sin60°)^2+(0.363\times\cos60°+0.273)^2}$$

$$=0.553（A）$$

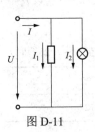

图 D-11

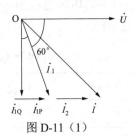

图 D-11（1）

答：日光灯支路电流 I_1 为 0.363A，白炽灯支路电流 I_2 为 0.273A，总电流是 0.553A。

Lb1D3037 三相对称正弦交流电源，$U_A = 220\sqrt{2}\sin(\omega t + 10°)$，分别写出 U_B、U_C 的表达式，并求出 U_B、U_C 的初相位。

解：
$$U_B = 220\sqrt{2} \, 380\sin(\omega t + 10° - 120°)$$
$$= 220\sqrt{2} \, 380\sin(\omega t - 110°) \ (V)$$
$$U_C = 220\sqrt{2} \, 380\sin(\omega t + 10° + 120°)$$
$$= 220\sqrt{2} \, 380\sin(\omega t + 130°) \ (V)$$

答：U_B、U_C 的初相位分别为 $\varphi_B = -110°$、$\varphi_C = 130°$。

Lb1D3038 将一根导线放在均匀磁场中，导线与磁力线方向垂直，已知导线长度为 10m，通过的电流为 50A，磁通密度为 0.5T，求该导线所受的电场力 F 为多少？

解： 已知 $L = 10m$，$I = 50A$，$B = 0.5T$
$$F = BLI = 0.5 \times 10 \times 50 = 250 \ (N)$$

答：该导线所受的电场力为 250N。

Lb1D4039 一台 3kV 三相、680kW 电动机，其功率因数与效率的乘积 $\eta\cos\varphi = 0.82$，试计算电动机的额定电流，并根据 3kV 三芯铝导体电缆允许载流量（空气中，25℃时）（见表 D-1）选择铝芯电缆的截面积（电缆在隧道中敷设，温度修正系数 k 取 0.85）。

表 D-1　3kV 三芯铝导体电缆允许载流量（空气中，25℃时）

导体截面（mm²）	50	70	95	120	150
载流量（A）	145	185	220	225	300

解：电动机功率 $S_e = \sqrt{3} U I_e \eta \cos\varphi$

则
$$I_e = \frac{S_e}{\sqrt{3} U \eta \cos\varphi}$$

其中：$S_e = 680\text{kW}$，$U = 6\text{kV}$，$\eta\cos\varphi = 0.82$，则

$$I_e = \frac{680}{\sqrt{3} \times 3 \times 0.82} = 159.6 \text{ (A)}$$

设温度修整系数 k 为 0.85，则电流应满足载流量

$$I \geqslant \frac{I_e}{k} = \frac{159.6}{0.85} = 187.8 \text{ (A)}$$

答：查表可知，应选用 95mm² 铝导体电缆。

Lc5D3040 如果某人体电阻为 1000Ω，已知通过人体的电流为 50mA 时，就有生命危险，试求安全工作电压 U 为多少？

解：已知 $R = 1000Ω$，$I = 50\text{mA}$，则

$$U = IR = 0.05 \times 1000 = 50 \text{ (V)}$$

答：安全工作电压为 50V。

Lc4D1041 在铸钢件上攻 M14×2 螺孔，系数 $k = 1.1$，求底孔直径 D 是多少？

解：已知 $d = 14$，$t = 2$，则

$$D = d - 1.1t = 14 - 1.1 \times 2 = 11.8 \text{ (mm)}$$

答：底孔直径为 11.8mm。

Lc4D2042 YJV22-8.7/10kV-3×300 电缆导体长期运行允许最高温度为 90℃，敷设在地下排管中的基准环境温度为 20℃，当实际环境温度为 30℃时，电缆允许持续载流量的校正系数是多少？

解：已知 $\theta_m = 90℃$，$\theta_1 = 20℃$，$\theta_2 = 30℃$，则

$$K = \sqrt{\frac{\theta_m - \theta_2}{\theta_m - \theta_1}} = \sqrt{\frac{90 - 30}{90 - 20}} = 0.926$$

答：电缆允许持续载流量的校正系数是 0.926。

Lc3D3043 钻头直径为 16mm，以 500r/min 的转速钻孔时的切削速度是多少？

解：已知 $D = 16$mm，$r = 500$r/min，则切削速度

$$v = \frac{\pi Dr}{1000} = \frac{3.14 \times 16 \times 500}{1000} = 25 \ (\text{m/min})$$

答：切削速度为 25m/min。

Lc2D3044 已知控制电缆截面 S 为 2.5mm^2，控制室至开关操动机构距离 $L/2$ 为 250m，直流额定电压为 220V，开关跳合闸电流 I_{max} 为 4A，求保护跳闸回路控制电缆压降为多少（铜电阻率为 0.016 8）？

解：$\Delta U = \dfrac{L\rho I_{max}}{S} = \dfrac{250 \times 2 \times 0.016\ 8 \times 4}{2.5} = 13.4 \ (\text{V})$

答：保护回路控制电缆压降为 13.4V。

Lc2D3045 某厂有一台 10/0.4kV、800kVA 的三相电力变压器停运后，用 2500V 绝缘电阻表摇测绕组的绝缘情况，在环境 15℃ 时，测得 15s 时绝缘电阻为 710MΩ，60s 时绝缘电阻为 780MΩ。请计算出吸收比，并判断变压器有无受潮？

解：已知 $R_{15} = 710$MΩ，$R_{60} = 780$MΩ，则吸收比

$$K = R_{60}/R_{15} = 780/710 = 1.1$$

因为吸收比 $K = 1.1$，小于 1.2，所以变压器受潮。

答：吸收比为 1.1，变压器已受潮。

Lc2D3046 某 110kV 输电线路，末端（负荷 600kW、$\cos\varphi = 0.85$）电压降至 109kV，已知线路直流电阻为 20Ω，求线路对地电容为多少？

解：由 $P = \sqrt{3}\ UI\cos\varphi$，得

$$I = \frac{P}{\sqrt{3}U\cos\varphi} = \frac{600\,000}{\sqrt{3}\times109\,000\times0.85} = 3.74\,(A)$$

$$Z = \frac{U}{I} = \frac{1\,000}{3.74} = 267.38\,(\Omega)$$

$$X_C = \sqrt{Z^2 - R^2} = \sqrt{267.38^2 - 15^2} = 266.96\,(\Omega)$$

$$C = \frac{1}{2\pi f X_C} = \frac{1}{2\pi\times50\times266.96} = 11.92\,(pF)$$

答：线路对地电容为 11.92pF。

Lc1D3047 有一台 SF–6300/60，YNd11，50Hz 变压器烧坏重绕、电压由原来的 60 000±5%/6300V 改为 63 000±5%/6300V。现只知低压绕组匝数是 206 匝，求改变后高压绕组的匝数和各分级抽头的匝数。

解：匝数比 $$K = \frac{63\,000}{6300} = 10$$

高压绕组匝数 $N = 1/\sqrt{3}\,K\times$低压侧绕组匝数 $= 1/\sqrt{3}\times10\times206 = 1189$（匝）

对抽头 I $\quad N_1 = 1189\times11.05 = 1248$（匝）

对抽头III $\quad N_3 = 1189\times0.95 = 1129$（匝）

答：高压绕组 1189 匝，抽头 I、III各为 1248 匝和 1129 匝。

Lc1D3048 当负荷的功率因数为滞后的 0.6 时，三相三线制配电线路功率损失 P_1 是 32kW。若负荷并联电容器后，功率因数改善为 0.8，问装设电容器后功率损失减少多少?

解：设负荷的功率为 P，当 $\cos\varphi_1 = 0.6$ 时的视在功率为 S_1，而当 $\cos\varphi_2 = 0.8$ 时的视在功率为 S_2，功率损失为 P_2，线路的功率损失与视在功率的平方成正比，则

$$P_1 = KS_1^2 = 32,\ P_2 = KS_2^2$$

$$\frac{P_1}{P_2}=\left(\frac{S_1}{S_2}\right)^2, P_2=P_1\left(\frac{S^2}{S^1}\right)^2$$

$$S_1=\frac{P}{\cos\varphi_1}=\frac{P}{0.6}, S_2=\frac{P}{\cos\varphi_2}=\frac{P}{0.8}, \quad 则\left(\frac{S_2}{S_1}\right)^2=\left(\frac{0.6}{0.8}\right)^2$$

所以 $$P_2=32\times\left(\frac{0.6}{0.8}\right)^2=18（kW）$$

$$P_1-P_2=32-18=14（kW）$$

答：装设电容器后功率损失减少 14kW。

Jd5D3049 一放置在水平地面上的物体，受一水平向右的外力 $F=10N$ 作用，设物体所受重力为 $G=30N$，物体与地面的摩擦系数 $\mu=0.5$，如图 D-12 所示，试分析地面对物体作用的摩擦力。

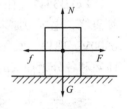

解：因为 $N-G=0$

图 D-12

所以 $N=G=30N$

最大摩擦力 $f_{max}=\mu N=0.5\times30=15（N）$

$f_{max}>F$ 时物体静止，所以地面对物体的摩擦力 $f=F=10N$。

答：地面对物体作用的摩擦力是 10N。

Jd4D3050 如图 D-13 所示，现有一根钢管，质量为 10t，长度为 10m，求绳索受力 S 的大小（按三角形公式计算，$\cos30°\approx0.866$）。

解：已知 $m=10t, L=10m, g=9.8$

$$S=\frac{G}{2}\div\cos30°=\frac{10\times10^3\times9.8}{2}\div$$

$0.866=56.58（kN）$

答：绳索受力为 56.58kN。

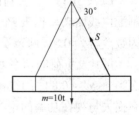

图 D-13

Jd3D3051 在设备起吊时，常常利用定滑轮来提取重物，现假设要提升的重物 $m=100kg$，绳索材料的许用应力 $\sigma=9.8\times10^6MPa$，问这根绳索的直径 d 应是多少？

解：已知 $m=100kg$，$\sigma=9.8\times10^6MPa$

$$d=\sqrt{\frac{4mg}{\pi\sigma}}=\sqrt{\frac{4\times100\times9.8}{3.14\times9.8\times10^6}}=\sqrt{1.27\times10^{-6}}$$

$$=1.13\times10^{-3}=11.3\ (mm)$$

答：需用直径为 12mm 的绳索。

Jd3D3052 起吊一台变压器的大罩，其质量为 11t，钢丝绳扣与吊钩垂线成 30°角，四点起吊，求钢丝绳受多大的力（当 $\alpha=30°$ 时，$K_1=1.15$）？

解：已知 $m=11t$，$\alpha=30°$，$n=4$

钢丝绳受力 $\qquad S=\dfrac{mg}{n\cos\alpha}$

若 $K_1=\dfrac{1}{\cos\alpha}$ 时，则 $S=K_1\dfrac{mg}{n}$

K_1 是随 α 角变化而改变的系数，当 $\alpha=30°$ 时，已知 $K_1=1.15$

所以 $\qquad S=K_1\dfrac{mg}{n}=\dfrac{1.15\times11\times10^3\times9.8}{4}=30.99\ (kN)$

答：钢丝绳受力为 30.99kN。

Jd2D4053 有一台额定容量为 100kVA、6000/400V 的单相交流 50Hz 的变压器，接有阻抗角 36.9° 的感性负荷，输出电流为额定电流，试求变压器一、二次侧的额定电流是多少？变压器的输出功率是多少？

解：已知 $S_1=100kVA$，$U_{1n}=6000V$，$U_{2n}=400V$，$\varphi=36.9°$

一次侧额定电流 $\quad I_{1n}=S_1/U_{1n}=100\times10^3/6000=16.67\ (A)$

二次侧额定电流 $I_{2n} = S_1/U_{2n} = 1000 \times 10^3/400 = 250$ （A）

变压器的输出功率 $P_2 = U_{2n}I_{2n}\cos\varphi = 400 \times 250 \times \cos36.9° = 400 \times 250 \times 0.8 = 80$ （kW）

答：变压器一、二次侧的额定电流分别为 16.67A、250A，变压器的输出功率为 80kW。

Jd1D3054　一台 Yd11 连接组别的变压器，其额定电压为 115/10.5kV，容量 $S = 31.5$MVA，试计算装设变压器差动保护，一、二次电流互感器分别选用多大变比？

解：已知 $K = 115/10.5$kV，$S = 31.5$MVA

变压器两侧额定电流各为

$$I_1 = \frac{S}{\sqrt{3}U_1} = \frac{31.5 \times 10^6}{\sqrt{3} \times 115 \times 10^3} = 158 \text{（A）}$$

$$I_2 = \frac{S}{\sqrt{3}U_2} = \frac{31.5 \times 10^6}{\sqrt{3} \times 10.5 \times 10^3} = 1732 \text{（A）}$$

115kV 侧的电流互感器应选用三角形连接，则变比为

$$K_Y = \frac{\sqrt{3} \times 158}{5} = \frac{273}{5}$$

选用标准变比 $K_Y = \frac{300}{5} = 60$

10.5kV 侧的电流互感器应选用星形连接变比，则变比为

$$K_d = \frac{1732}{5}$$

选用标准变比 $K_d = \frac{2000}{5} = 400$

答：变压器一、二次侧分别选择 300/5、2000/5 的电流互感器。

Je5D1055　有一根电缆，某导电导体为圆形排列，盘架上

的规格字迹已退落，该电缆导体由 7 根绞合而成，每根直径为 2.10mm，请判断该电缆的标称截面是多少？

解：已知 $N=7$，$D=2.10$mm

截面积 $S=N\pi(D/2)^2=7\times3.141\,6\times1.05^2$

≈24.25（mm^2）

答：该电缆标称截面为 25mm^2。

Je5D2056 已知铜芯电缆导体的电阻率为 $1.72\Omega\cdot$mm，铝芯电缆导体电阻率为 $2.83\Omega\cdot$mm，求同样截面的铜芯电缆载流量为铝芯电缆的几倍？

解：已知 $\rho_T=1.72\times10^{-5}\Omega\cdot$mm，$\rho_L=2.83\times10^{-5}\Omega\cdot$mm

$$\frac{I_T}{I_L}=\sqrt{\frac{\rho_L}{\rho_T}}=\sqrt{\frac{0.028\,3}{0.017\,2}}\approx1.3$$

答：同样截面的铜芯电缆载流量为铝芯电缆的 1.3 倍。

Je5D2057 一根铜芯电缆长 250m，缆芯截面为 150mm^2，它相当于缆芯截面 185mm^2 铝芯电缆的等值长度是多少（$\rho_L=3.1\times10^{-5}\Omega\cdot$mm，$\rho_T=1.84\times10^{-5}\Omega\cdot$mm）？

解：已知 $L_T=250$m，$S_T=150$mm^2，$S_L=185$mm^2，由

$$\rho_L\frac{L_L}{S_L}=\rho_T\frac{L_T}{S_T}$$

则 $$L_L=\frac{\rho_T S_L L_T}{\rho_L S_T}=\frac{1.84\times10^{-5}\times185\times250}{3.1\times10^{-5}\times150}=183\text{（m）}$$

答：相当于铝芯电缆的等值长度为 183m。

Je5D3058 $6\sim10$kV 电力电缆导体对地电容电流常用下式计算，即 $I_C=UL/10$（A），如有一条 10kV 电缆，线路全长 3km，其充电电流 I_C 为多少？充电功率 P 为多少？

解：已知 $U=10$kV，$L=3$km

$$I_C = \frac{UL}{10} = \frac{10 \times 3}{10} = 3 \ (A)$$

$$P = I_C U_C = 10 \times 10^3 \times 3 = 30 \ (kvar)$$

答：充电电流为 3A，充电功率为 30kvar。

Je5D3059 计算 120mm² 的铝接管的横断面积 S，已知 $D = 23mm$，$d = 15mm$。

解：$S = \pi\left(\frac{D}{2}\right)^2 - \pi\left(\frac{d}{2}\right)^2 = 3.14 \times \left(\frac{23}{2}\right)^2 - 3.14 \times \left(\frac{15}{2}\right)^2$

$\quad = 238.64 \ (mm^2)$

答：120mm² 的铝接管的横断面积为 238.64mm²。

Je5D3060 计算 185mm² 的铝接管的横断面积 S，已知 $D = 25mm$，$d = 19mm$。

解：$S = \pi\left(\frac{D}{2}\right)^2 - \pi\left(\frac{d}{2}\right)^2 = 3.14 \times \left(\frac{25}{2}\right)^2 - 3.14 \times \left(\frac{19}{2}\right)^2$

$\quad = 207.24 \ (mm^2)$

答：185mm² 的铝接管的横断面积为 207.24mm²。

Je5D40561 一台试验变压器其容量为 0.5kVA，电压比为 200V/60kV，现用该设备对 10kV 交联聚乙烯绝缘电力电缆做预防试验，问低压电压表读数为多少才能达到所需电压值？

解：已知 $S = 0.5kV$，电压比为 200V/60kV，$U_1 = 10kV$。因为 10kV 交联聚乙烯电力电缆预试时为 2.5 倍额定电压，即 25kV，所以

$$U_2 = \frac{200}{60} \times 25 = 83.3 \ (V)$$

答：低压电压表读数为 83.3V。

Je4D5062　一条电缆线路长 150m，电缆每米质量为 12.05kg，成盘运至施工现场人工牵引放线。电缆盘和轴向孔的摩擦力可折算成 15m 长的电缆所受的重力，已知滚轮的摩擦系数为 0.2，求施放电缆的牵引力 F 是多少（$g=10N/kg$）？

解：已知 $L=150m$，电缆每米质量 $m=12.05kg/m$，$g=10N/kg$，$K=0.2$，则电缆盘的摩擦力 F_1 按 15m 长的电缆重力计，所以

$$F_1 = 15mg = 15 \times 12.05 \times 10 = 1807.5（N）$$

因为　　　　　　　　　　$F = F_1 + KmL$

所以牵引力 $F = 1807.5 + 150 \times 12.05 \times 0.2 \times 10 = 5423（N）$

答：施放电缆的牵引力为 5423N。

Je4D1063　封铅焊条的配比以纯铅 65%、纯锡 35%为宜，现有 21kg 的纯锡，问能配多少合格的封铅？

解：已知纯锡质量 $m_1=21kg$，则封铅质量 m_2 为

$$m_2 = m_1 \div 35\% = 21 \div 35\% = 60（kg）$$

答：能配 60kg 合格的封铅。

Je4D2064　经测量电缆线路长度为 2650m，其直流电阻为 0.34Ω，已知线路为铝芯电缆（$\rho = 3.12 \times 10^{-8}\Omega \cdot m$），求截面积 S 是多少？

解：已知 $L=2650m$，$R=0.34\Omega$

因为　　　　　　　　　　$R = \dfrac{\rho L}{S}$

所以 $S = \dfrac{\rho L}{R} = \dfrac{3.12 \times 10^{-8} \times 2650}{0.34} = 2.4 \times 10^{-4}（m^2） = 240mm^2$

答：铝芯电缆的截面积为 240mm²。

Je4D2065　牵引电缆时的牵引力，在平面的线路上和电缆的质量及摩擦系数成正比，其计算公式为 $T=KWLg$（T 为牵引

力，kg；K 为摩擦系数；W 为单位电缆的质量，kg/m；L 为电缆长度，m），已知 $W=25.7$kg/m，$K=0.6$，电缆长度为 250m，求敷设时所需的牵引力 T 的大小。

解：$T=KWLg=0.6 \times 25.7 \times 250 \times 10 = 38\,550$（N）。

答：敷设时所需的牵引力为 38 550N。

Je4D2066 电缆长度在 500m 及以下时，10kV 电缆绝缘电阻一般为 400MΩ 以上，不平衡系数一般不大于 2.5，超过 500m 时，绝缘电阻按长度成反比换算，求电缆长度为 1250m 时的绝缘电阻值 R_1 应为多少？

解：已知 $L_1=500$m，$R_0=400$MΩ，$U=10$kV，$L=1250$m
因为绝缘电阻按长度成反比换算，则有

$$R_1=500R_0/L=400 \times 500/1250=160（MΩ）$$

答：电缆长度为 1250m 时的绝缘电阻值为 160MΩ。

Je4D3067 电缆长度在 250m 及以下时，其泄漏电流对 10kV 新电缆规定为一般不大于 25μA，不平衡系数不大于 1.5，当电缆长 200m 时，求泄漏电流 I_1 应不大于多少？

解：已知 $L=250$m，$I_0=25$μA，$L_1=2000$m
因为泄漏电流按长度成正比换算，则有

$$I_1=I_0L/250=25 \times 2000/250=20（μA）$$

答：泄漏电流应不大于 20μA。

Je3D3068 已知 1kV 油浸纸绝缘包型铝芯电缆 3×150mm²，长期允许载流为 300A，经测量电缆外皮温度为 40℃，试计算缆芯导体温度为多少？

解：已知 $A=150$mm²，$I=300$A，$I_H=300$A，$t_2=40$℃，$S=35$
铝芯温度 $t_1=t_2+10.7(I_H/100)^2(S/A)=40℃+10.7 \times (300/100)^2 \times 35/150=40℃+22.5℃=62.5$（℃）

答：缆芯导体温度为 62.5℃。

Je3D3069 已知 1kV 铜芯扇形油浸纸统包绝缘电缆 3×240mm^2，长期允许负荷电流为 520A，导体长期允许工作温度为 80℃，求电缆表皮温度 t_2 为多少？

解：已知 I_H=520A，A=240mm^2，经查表知 S=28，t_1=80℃

因为 $t_1 = t_2 + 6.32(I_H/100)^2(S/A)$

所以 $80 = t_2 + 6.32(520/100)^2 \times (28/240)$

                 $t_2 = 80-20 = 60$（℃）

答：电缆外皮温度可达 60℃。

Je3D3070 已知 6kV 油浸纸绝缘铝芯电缆 3×120mm^2，负荷电流为 230A，经测量电缆外皮温度为 30℃，试计算缆芯导体温度为多少？

解：已知 A=120mm^2，I_H=230A，t_1=30℃，S=53

铝芯温度 $t_2 = t_1 + 10.7(I_H/100)^2(S/A) = 30 + 10.7 \times (230/100)^2 \times (53/120) = 30 + 25 = 55$（℃）

答：电缆芯温度为 55℃。

Je3D4071 计算 10kV 铝芯纸绝缘 3×240mm^2 电缆，当系统短路时允许短路电流是多少（注：短路时间 t=1s，铝导体当短路温度为 220℃时，K=91.9）？

解：已知 t=1s，K=91.9，S=240mm^2

短路电流 $I' = KS/\sqrt{t} = 91.9 \times 240/\sqrt{1} = 22.056$（kA）

答：当系统短路时，允许短路电流为 22.056kA。

Je3D4072 10kV 铜芯纸绝缘 3×185mm^2 电缆，在系统短路时电缆允许短路电流是多少（注：铜导体短路温度为 120℃时，K=93.4，短路时间 t=1s）？

解：已知 t=1s，K=93.4，S=185mm^2

短路电流 $I' = \dfrac{KS}{\sqrt{t}} = \dfrac{93.4 \times 185}{\sqrt{1}} = 17\,279$（A）= 17.279（kA）

答：电缆允许短路电流是 17.279kA。

Je3D5073　设用户装有一台 1800kVA 变压器，若该用户以架空 10kV 油浸纸绝缘铝芯电缆作进线供电，环境最高温度为 40℃（温度校正系数为 0.76），根据电缆长期允许载流量选择该电缆的截面积为多少（已知 ZLQ2-8.7/10 电缆在空气昼夜平均温度为 25℃时，长期允许载流量对于截面 35mm² 为 95A，50mm² 为 120A，70mm² 为 145A）？

解：已知 $S = 1800$kVA，$U = 10$kV，则电流

$$I = \frac{S}{\sqrt{3}U} = \frac{1800}{\sqrt{3} \times 10} \approx 104 \text{（A）}$$

40℃时，ZLQ2-8.7/10-3×50 电缆载流量 $I_1 = 120 \times 0.76 = 91.2$（A）

3×70 电缆载流量 $I_2 = 145 \times 0.76 = 110.2$（A）

所以可选用 ZLQ2-8.7/10-3×70 型号电缆

答：可选用 ZLQ2-8.710-3×70 电缆。

Je3D5074　设有一条 10kV、3×120mm² 铝芯纸绝缘铅电缆发生单相低电阻接地故障，该线路的长度为 2700m 用惠斯登电桥测寻故障点时，在乙端用反接法测故障的距离是多少（注：用回线法测寻故障点时，在乙端用反接法测得电桥臂读数，A 臂为 100，C 臂为 496.5）？

解：已知 $L = 2700$m，$A = 100$，$C = 496.5$，则故障点离测试端的距离

$$X = 2L \frac{A}{A+C} = 2 \times 2700 \times \frac{100}{100+496.5} = 905.3 \text{（m）}$$

答：在乙端用反接法测得故障的距离是 905.3m。

Je3D3075　对 35kV 中性点不接地系统应选用 26/35kV 电缆，原规定直流耐压是 4V，现改为 5V，试计算原来试验电压 U'_1

和修改后的试验电压值 U_2'？

解：已知 $U_1 = 4\text{V}$，$U_2 = 5\text{V}$，$U = 35\text{kV}$

$$U_1' = 35 \times 4 = 140 \text{（kV）}$$

$$U_2' = 26 \times 5 = 130 \text{（kV）}$$

答：原试验电压为 140kV，修改后的试验电压值为 130kV。

Je3D3076　ZLQ20-8.7/10-3×120 电缆，敷设高差为 15m，常温 20℃时，求由标高所引起的静油压为多少（ρ—电缆油的密度，20℃时取 0.97t/m³；α_2—阻止系数，20℃时取 0.6；$g = 9.8$）？

解：已知 $H = 15\text{m}$，$\alpha_2 = 0.6$

静油压 $p = 10^3 \rho H \alpha_2 g = 0.97 \times 15 \times 0.6 \times 10^3 \times 9.8$

$$= 85\,612 \text{（Pa）} \approx 85.6 \text{（kPa）}$$

答：由标高所引起的静油压为 85.6kPa。

Je3D3077　用脉冲波法对一故障电缆进行测试，已知脉冲波在电缆中的传播速度为 160m/μs，当波的返回时间为 5.5μs 时，故障点的位置距始端多少？

解：已知 $U = 160\text{m/μs}$，$t = 5.5\text{μs}$

设距离为 S，则 $S = Ut/2 = 160 \times 5.5/2 = 440 \text{（m）}$

答：故障点的位置距始端为 440m。

Je3D4078　某人用三乙烯四胺作为硬化剂配制环氧树脂复合物，用了 2kg 6101 环氧树脂，问需要多少石英料、加固剂（配比：石英粉用量 = 1.5 倍的环氧树脂的质量，固化剂用量 = 0.13 倍的环氧树脂的质量，取上限）？

解：根据配比，石英粉用量 = 1.5 倍的环氧树脂的质量 = $1.5 \times 2 = 3 \text{（kg）}$

固化剂用量 = 0.13 倍的环氧树脂的质量 = $0.13 \times 2 = 0.26 \text{（kg）}$

答：需要多少石英料 3kg，加固剂 0.26kg。

Je3D5079 有一条长 500m 的电缆发生接地故障，按图 D-14 进行测试，测量 $R_\mathrm{m}/R_\mathrm{n}=3$ 时电桥平衡，求故障点 P 距 A 点的距离？

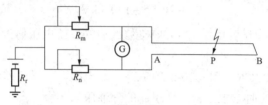

图 D-14

解：设 A 至 P 点距离为 X，已知 AB 间距离 $L=500\mathrm{m}$，则据电桥平衡原理，得

$$R_\mathrm{m}X=R_\mathrm{n}\times(2L{-}X),\qquad \frac{R_\mathrm{m}}{R_\mathrm{n}}=\frac{2L-X}{X}$$

代入 $\dfrac{R_\mathrm{m}}{R_\mathrm{n}}=3$ 得 $(1000{-}X)/X=3$

则 $X=250$（m）

答：故障点 P 距 A 点的距离为 250m。

Je2D2080 经测量得知电缆线长 1800m，缆芯温度为 60℃，测得直流电阻为 0.32Ω，求铜芯电缆的截面积（已知 $\rho=1.84\times10^{-5}\Omega\cdot\mathrm{mm}$，$\sigma_{20}=0.039\,3$，$T_0=20℃$）？

解：已知 $\rho=1.84\times10^{-5}\Omega\cdot\mathrm{mm}$，$\sigma_{20}=0.039\,3$，$L=1800\mathrm{m}=1.8\times10^6\mathrm{mm}$，$T_2=60℃$，$T_0=20℃$，$R_{60}=0.32\Omega$，因为

$$R_{60}=R_{20}[1+\sigma_{20}(60-20)]$$

所以 20℃时的电阻

$$R_{20}=\frac{R_{60}}{1+\sigma_{20}(60-20)}=\frac{0.32}{1+0.039\,3\times40}=0.276（\Omega）$$

又因为

$$R_{20}=\rho(L/S)$$

所以截面积 $S=\dfrac{\rho L}{R_{20}}=\dfrac{1.84\times10^{-5}\times1.8\times10^6}{0.276}=120（\mathrm{mm}^2）$

答：铜芯电缆截面积为 120mm²。

Je2D2081 经试验测出新敷设的 10kV 油浸纸绝缘电缆长度为 1250m，泄漏电流为 120μA，不平衡系数小于 1.5，耐压通过，计算一下泄漏电流是否偏大（I_0—当电缆长度 250m 时，最大泄漏电流值 10kV 新电缆为 25μA）？

解：已知 $L = 1250$m，$I_0 = 25$μA

允许的泄漏电流 $I_t = I_0 L/250 = 25 \times 1250/250 = 125$（μA）

因为 125＞120μA，所以泄漏电流不算偏大。

答：泄漏电流 120μA 不算偏大。

Je2D4082 对 35kV 电缆如进行四倍额定电压的直流耐压试验，采用 50 000V/200V 带增紧线圈的试验变压器，容量为 4kVA 和 2kVA 各一台，利用串级升压，试计算初级电压 U_0 为多少？

解：已知 $U = 35$kV，$U_1 = 50\,000$V，$U_2 = 200$V

因为

$$\frac{35\,000 \times 4}{U_0} = 2 \times \left(\frac{50\,000\sqrt{2}}{200} \right)$$

所以

$$U_0 = \frac{35\,000 \times 4 \times 100}{50\,000\sqrt{2}} = 200 \text{（V）}$$

答：初级电压为 200V。

Je2D5083 有一条 ZLQ20-10-3×240mm² 电缆，线路全长 10km，测得其日负荷见表 D-2，求均方根电流为多少？

表 D-2　　　　　　　电 缆 日 负 荷

时间 t	1	2	3	4	5	6	7	8	9	10	11	12
电流 I	100	50	50	50	50	60	100	300	300	300	200	200

续表

时间 t	13	14	15	16	17	18	19	20	21	22	23	24
电流 I	100	200	300	300	300	200	100	100	100	50	50	50

解：均方根电流 $I = \sqrt{\dfrac{I_1^2 + I_2^2 + I_3^2 + \cdots + I_{23}^2 + I_{24}^2}{24}} =$

$\sqrt{\dfrac{100^2 + 50^2 + 50^2 + \cdots + 50^2 + 50^2}{24}} = 180.3$（A）

答：均方根电流为 180.3A。

Je2D1084 10kV 油浸纸绝缘电缆铜芯 $3 \times 185\text{mm}^2$，在额定电流时，电缆表面温度是多少（$t_1 = t_2 + 6.32 \times (I_H/100)^2 S/A$，查表知 $I_H = 275\text{A} \times 1.3$，$S = 57$）？

解：已知 $A = 1855\text{mm}^2$，$t_1 = 60℃$

根据公式：铜芯温度 $t_1 = t_2 + 6.32(I_H/100)^2$（$S/A$）

t_1 为电缆导体长期允许工作温度，10kV 油浸纸为 60℃

将数值代入上式得

$\quad 60 = t_2 + 6.32 \times (357.5/100)^2 \times (57/185)$

$\quad 60 = t_2 + 25$

所以 $t_2 = 35℃$

答：电缆表面温度为 35℃。

Je2D2085 已测出 10kV 油浸纸电缆铝芯 $3 \times 240\text{mm}^2$，负荷电流为 325A，电缆的外皮温度为 24℃，试计算缆芯导体温度是多少[铝芯温度 $t_1 = t_2 + 10.7 \times (I_H/100)^2 S/A$，查表知 $S = 51$]？

解：已知 $A = 240\text{mm}^2$，$t_2 = 24℃$，$I_H = 325\text{A}$

铝芯温度 $t_1 = t_2 + 10.7(I_H/100)^2$（$S/A$）

将数值代入上式得

$\quad t_1 = 24 + 10.7 \times (325/100)^2 \times (57/240) = 24 + 24 = 48$（℃）

答：缆芯温度为48℃。

Je2D3086 8.7/10kV 纸绝缘电缆，检修后的直流试验电压采用 $5(U_0+U)/2=47$kV，当试验电压为 50 000V/200V、2kVA 时，试计算初级电压数值。

解：已知 $U_1=47$ 000V，$K=50$ 000V/200V

因为
$$\frac{50\ 000\sqrt{2}}{200}=\frac{47\ 000}{U_0}$$

所以
$$U_0=\frac{47\ 000\times200}{50\ 000\sqrt{2}}=134（V）$$

答：初级电压数值为134V。

Je1D2087 今有 35kV、ZQF22-3×185mm² 电缆一条，直埋地下，其他 5 条电缆并列敷设，电缆间净距为 10mm，土壤温度为25℃，土壤热阻系数为 120℃·cm/W 时，求电缆长期允许载流量为多少（提示：经查表知 35kV 铝芯纸绝缘电缆 185mm²，当直埋在地下 25℃下，土壤热阻系数为 80℃·cm/W 时，长期允许电流为230A，按题目所给条件又查出土壤热阻系数不同时载流量的校正系数为 0.86，并列校正系数为0.78）？

解：已知 $U=35$kV，$A=185$mm²，$K=120$℃·cm/W

经查表知 35kV 铝芯纸绝缘电缆 185mm²，当直埋在地下 25℃下，土壤热阻系数为 80℃·cm/W 时，长期允许电流为 230A，按题目所给条件又查出土壤热阻系数不同时载流量的校正系数为 0.86，以及并列校正系数为 0.78，因为相同截面铜芯电缆的载流量为铝芯的 1.3 倍，故 230×1.3≈300A

所以此电缆的长期允许载流量：$300\times0.86\times0.78=201.24$（A）

答：这条电缆的长期允许载流量为201A。

Je1D4088 某条电力电缆线路，采用电压为 10kV、长度为 20km 三芯铝导体，每芯截面为 95mm²，测计期代表日负荷曲线如图 D-15 所示，请计算当月（30 天）的线路电能损耗是多少（铝导线电阻率 $\rho = 1.35 \times 10^{-5}\Omega \cdot mm$）？

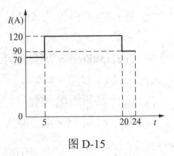

图 D-15

解：已知 $U = 10kV$，$L = 20km = 20\ 000m = 2 \times 10^7 mm$，$S = 95mm^2$，$T = 720h$，$\rho = 1.35 \times 10^{-5}\Omega \cdot mm$

导体电阻（单芯）$\gamma = \rho\dfrac{L}{S} = 1.35 \times 10^{-5} \times \dfrac{2 \times 10^7}{95} \approx 6.6\ (\Omega)$

代表日均方根电流

$$I = \sqrt{\frac{\sum I^2 t}{24}}$$

$$= \sqrt{\frac{70^2 \times 5 + 120^2 \times (20 - 5) + 90^2 \times (24 - 20)}{24}}$$

$$\approx 107\ (A)$$

全月电能损耗 $\Delta A = nI^2RT \times 10^{-3} = 3 \times 107^2 \times 6.6 \times 720 \times 10^{-3} = 163\ 217\ (kW \cdot h)$

答：当月的线路电能损耗是 163 217kW·h。

Je1D1089 已知国产 110kV 自容式充油电缆结构尺寸参数如下：电缆导体截面 $A_C = 400mm^2$，电缆芯半径 $r = 14.7mm^2$，计算电缆接头导体连接管半径 r_1 和长度 L_1（一般导体连接管截面积 A_1 为导体截面的 80% 左右，连接管长度 $L_1 = 6r_1 \sim 8r_1$）？

解：已知 $A_C = 400mm^2$，$r = 14.7mm^2$

根据题意取 $A_1 = 0.8A_C$

即
$$\pi r_1^2 - \pi r_2^2 = 0.8A_C$$

所以
$$r_1 = \sqrt{\frac{0.8A_C + \pi r_2^2}{\pi}} = \sqrt{\frac{0.8 \times 400 + \pi \times 14.7^2}{\pi}}$$

$=17.8$（mm）

连接管长度　$L_1 = 6r_1 = 6 \times 17.8 = 106.8$（mm）

答：电缆接头导体连接管半径 r_1 为 17.8mm，长度 L_1 为 106.8mm。

Je1D2090　已知国产 110kV 自容式充油电缆，电缆导体屏蔽层半径 $r_d = 15.7$mm，电缆绝缘层半径 $R = 26.7$mm，电缆接头连接管半径 $r = 17.8$mm，绝缘屏蔽层半径 $R_D = 27.2$mm，计算增绕绝缘厚度 Δn。

解：已知 $U = 110$kV，$r_d = 15.7$mm，$R = 26.7$mm，$r = 17.8$mm，$R_D = 27.2$mm

取导体连接管表面的径向场强为电缆本体最大场强的一半，则

$$\frac{U}{r \ln \dfrac{R_n}{r}} = 0.5 \times \frac{U}{r_d \ln \dfrac{R}{r_d}}$$

所以

$$\frac{rD \ln \dfrac{R}{r_d}}{r \ln \dfrac{R_n}{r}} = 0.5$$

代入数据得

$$\frac{15.7 \times \ln \dfrac{26.7}{15.7}}{17.8 \times \ln \dfrac{R_n}{17.8}} = 0.5$$

加强绝缘半径　$R_n = 45.4$mm

所以　$\Delta n = R_n - 26.7 = 45.4 - 26.7 = 18.7$（mm）

答：增绕绝缘厚度为 18.7mm。

Je1D3091　有一条 10kV 纸绝缘电缆，要做 60kV 直流耐压试验，并在 1/4、1/2、3/4 及全电压时测泄漏电流值，如试验变压器的一次电压为 200V，二次电压为 50kV，求各试验电压

调压器的输出电压为多少?

解: 已知 $U = 60\text{kV}$,$K = U_2/U_1 = 50 \times 10^3/200 = 250$

整流后的电压为 60kV 时,调压器的输出电压为

$$U_0 = \frac{U}{\sqrt{2}K} = \frac{60 \times 10^3}{\sqrt{2} \times 250} = 169.7 \text{ (V)}$$

$$U_{1/4} = \frac{169.7}{4} = 42.4 \text{ (V)}$$

$$U_{1/2} = \frac{169.7}{2} = 84.8 \text{ (V)}$$

$$U_{3/4} = \frac{3 \times 169.7}{4} = 127.2 \text{ (V)}$$

答: 各试验电压调压器的输出电压为 169.7V、42.2V、84.8V、127.2V。

Je1D4092 有一条长度为 776m 的电缆,首端为 $3 \times 50\text{mm}^2$ 铜芯电缆,长度为 450m,末端为 $3 \times 70\text{mm}^2$ 铝芯电缆,长度为 276m,发生一相接地故障,接地电阻为 1700Ω,用 QF1-A 电桥在其首端用正接法测得 $R_X = 0.47\Omega$,求故障点位置在哪里?

解: 已知 $L = 776\text{m}$,$S_1 = 50\text{mm}^2$,$L_1 = 450\text{m}$,$S_2 = 70\text{mm}^2$,$L_2 = 276\text{m}$,$R = 1700\Omega$,$R_X = 0.47\Omega$

由于在首端(铜芯端)测试,因此将铝芯部分换算成铜芯的等值长度来计算

总等值长度 $L = 450 + 276 \times \dfrac{0.031}{0.018\,4} \times \dfrac{50}{70} = 782.1 \text{ (m)}$

按等值长度计算的到故障点的等值长度 $L'_X = 0.47 \times 2 \times 782.1 = 735.1 \text{ (m)}$

因到故障点的长度已超过铜芯电缆 450m 的长度,故障在铝芯电缆上,还需将等值长度复算到铝芯电缆的长度,故实际故障距首端的长度 $L_X = 450 + (735.1 - 450) \times \dfrac{0.018\,4}{0.031} \times \dfrac{70}{50} = 687 \text{ (m)}$

从所测得的故障 $R_X = 0.47\Omega$，可以估计故障点在末端铝芯电缆上，因此可将铜芯电缆换算成等值铝芯电缆来计算，有

$$L' = 450 \times \frac{0.018\,4}{0.031} \times \frac{70}{50} + 276 \approx 650 \text{（m）}$$

按等值长度计算到故障点的等值长度 $L''_X = 0.47 \times 2 \times 650 = 611$（m）

所以，实际故障点距首端的长度 $L_X = 611 - 347 + 450 = 687$（m）

答：实际故障点距首端的长度为 687m。

Jf5D2093 用撬杠撬物体时（如图 D-16 所示），ac 长为 4m，bc 长为 15cm，物体质量为 5t，试问在 a 点需加多少力 F 才能从 b 处将物体撬起？

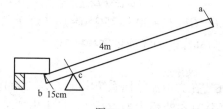

图 D-16

解：已知 $L_1 = 15\text{cm}$，$L_2 = 4\text{m} = 400\text{cm}$，$m = 5t = 5 \times 10^3 \text{kg}$

考虑到是一头受力，其重力 $G = \frac{1}{2} Q = \frac{1}{2} mg = \frac{1}{2} \times 5 \times 10^3 \times 10 = 25$（kN）

因为 $GL_1 = FL_2$

所以 $F = \frac{GL_1}{L_2} = \frac{24 \times 15}{400} = 0.937\,5$（kN）$= 937.5\text{N}$

答：只需用 937.5N 的力就可将 b 处 5t 的物体一头撬起。

Jf5D3094 使用卡环吊物时，直环形螺旋卡环允许荷重按 $p = d_1^2 \times 50$（绳索安全系数不小于 10，d_1 为卡环弯环部直径，mm）计算，现卡环 $d_1 = 20\text{mm}$，求此卡环允许荷重为多少？

解：已知 $p = d_1^2 \times 50$，$d_1 = 20\text{mm}$

$$p = d_1^2 \times 50 = 20^2 \times 50 = 20\,000 \text{（N）}$$

答：此卡环允许荷重为 20 000N。

Jf4D3095 使用如图 D-17 所示滑轮起吊物品时，重物重力为 30kN，滑轮直径 $D = 350\text{mm}$，如钢丝绳固定在上面的横梁上，另一端用力向上提升，试问如不考虑滑轮、绳索重力及摩擦力，必须用多大的力才能将重物提起（用杠杆原理分解）？

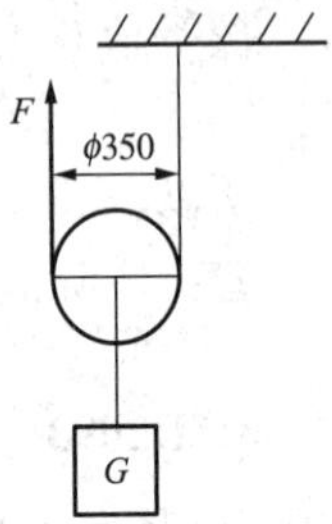

图 D-17

解：已知 $G = 30\text{kN}$，$D = 350\text{mm}$

因为
$$GL_1 = FL_2$$

所以力 $F = GL_1/L_2 = 30 \times 175/350 = 15 \text{（kN）}$

答：需用 15kN 的力才能将重物提起。

Jf4D1096 在大电流接地系统中（U 为 2000V），配电系统可能出现的接地电流最大为 4000A，试求出这时对接地网要求的接地电阻值是多少？

解：已知 $I = 4000\text{A}$，$U = 2000\text{V}$

大电流接地系统中 $R \leqslant \dfrac{2000}{I} = \dfrac{2000}{4000} = 0.5 \text{（}\Omega\text{）}$

所以 $R \leqslant 0.5 \text{（}\Omega\text{）}$

答：大电流接地系统中，可能出现 4000A 时，接地电阻应小于或等于 0.5Ω。

Jf2D2097 在 220V 中性点接地的电网中发生单相触电时，通过人体的电流及影响是什么（人体电阻取 1500Ω）？

解：已知 $U = 220\text{V}$，$R_r = 1500\Omega$

在中性点直接接地系统中，通过人体的电流 $I_r = \dfrac{U}{R_r + R_0}$

因中性点接地电阻 R_0 和 R_r 比较，R_0 较小可略去不计，所以 $I_r = \dfrac{220}{1500} \approx 147$（mA）

查表知 147mA 远远大于人员所能承受电流，将引起呼吸麻痹，心室经 3s 就可停止跳动。

答：通过人体的电流为 147mA，可导致死亡。

Jf3D3098 有人站在干燥的木架上，手触摸到 220V 导线，问此人脚的电位是多少？所受电压是多少？是否会触电？

解：已知 $U_h = 220V$，$R \to \infty$

对此人来讲，$U_h = 220V$，因站在木架上与地绝缘，可认为人体中无电流通过，由于人是导体，无电流通过时，全身电位相等，所以此人脚的电位 $U_f = U_h = 220V$

所受电压　　　　$U = U_h - U_f = 0V$

答：此人脚的电位是 220V，受电压 0V，此人不会触电。

Jf2D4099 某工厂现有一台容量为 350kVA 的三相变压器，该厂原有负荷为 200kW，平均的功率因数为 0.6（感性）。现该厂因生产发展，负荷需增加 100kW，负荷为容性，功率因数为 0.5。问变压器的容量是否满足需要？

解：三相对称电路中，功率因数 $\cos\varphi = \dfrac{P}{S}$

$$S_1 = \frac{P_1}{\cos\varphi_1} = \frac{200}{0.6} = 333.33 \text{（kVA）}$$

$$Q_1 = \sqrt{S_1^2 - P_1^2} = \sqrt{333.33^2 - 200^2} = 266.66 \text{（kvar）}$$

工厂增加的视在功率

$$S_2 = \frac{P_2}{\cos\varphi_2} = \frac{100}{0.5} = 200 \text{（kVA）}$$

$$Q_2 = \sqrt{S_2^2 - P_2^2} = \sqrt{222^2 - 100^2} = 173.21 \text{（kvar）}$$

工厂现有

$$P = P_1 + P_2 = 200 + 100 = 300 \text{（kW）}$$
$$Q = Q_1 - Q_2 = 266.66 - 173.21 = 93.45 \text{（kvar）}$$
$$S = \sqrt{P^2 + Q^2} = \sqrt{300^2 + 93.45^2} = 314.22 \text{（kVA）}$$

此值小于 350kVA，变压器的容量满足需要。

答：变压器的容量满足需要。

Jf1D4100 距离保护整定值二次阻抗为 2Ω，TA 变比为 300/5，若 TA 变比改为 600/5 时，一次整定阻抗不变，则二次阻抗定值应整定为多少？

解：设二次阻抗定值为 Z_{op}，则

$$Z_{op} = Z_{opx1} \times \frac{N_2}{N_1} = 2 \times \frac{\dfrac{600}{5}}{\dfrac{300}{5}} = 4 \text{（Ω）}$$

答：二次阻抗定值应整定为 4Ω。

Jf1D4101 某单位进行安全用具试验需要用 42kV 试验电压，采用工频交流 50Hz 的频率，经测定被试品的电容量为 0.005μF，求试验所需的电源容量为多大？

解：已知 $U_S = 42\text{kV}$，$f = 50\text{Hz}$，$C_X = 0.005\text{μF}$

电源角频率

$\omega = 2\pi f = 2\pi \times 50 = 314$，被试品电容量 $C_X = 0.005\text{μF}$，所以

$$S = \omega C_X U_S^2 \times 10^{-3} = 314 \times 0.005 \times 42^2 \times 10^{-3} = 2.77 \text{（kVA）}$$

答：试验所需的电源容量为 2.77kVA。

Jf1D5102 一条电缆型号 YJLW02-64/110-1X630 长度为 2300m，导体外径 $D_c = 30\text{mm}$，绝缘外径 $D_i = 65\text{mm}$，导体在 20℃时，导体电阻率 $\rho_{20} = 0.017\,241 \times 10^{-6}\Omega \cdot m$，导体电阻温度系数 $\alpha = 0.003\,93 ℃^{-1}$，$k_1 k_2 k_3 k_4 k_5 \approx 1$，电缆间距 100mm，真空介电常数 $\varepsilon_0 = 8.86 \times 10^{-12}\text{F/m}$，绝缘介质相对介电常数 $\varepsilon = 2.5$。

计算该电缆的直流电阻，交流电阻、电容。

解：1. 直流电阻

由公式
$$R' = \frac{\rho_{20}}{A}[1 + \alpha(\theta - 20°)]k_1k_2k_3k_4k_5$$

得到单位长度直流电阻

$R' = 0.017\ 241 \times 10^{-6} \times [1 + 0.003\ 93 \times (90-20)]/(630 \times 10^{-6})$

$= 0.348\ 9 \times 10^{-4}$（$\Omega$）

该电缆直流电阻 $R = 0.348\ 9 \times 10^{-4} \times 2300 = 0.080\ 25$（$\Omega$）

2. 交流电阻

由公式 $X_s^4 = (8\pi f / R' \times 10^{-7} k_s)^2$，$Y_s = X_s^4 / (192 + 0.8X_s^4)$

得 $X_s^4 = (8 \times 3.14 \times 50/0.348\ 9 \times 10^{-4})^2 \times 10^{-14} = 12.96$

$Y_s = X_s^4 / (192 + 0.8X_s^4) = 12.96/(192 + 0.8 \times 12.96) = 0.064$

由公式
$$X_p^4 = (8\pi f / R' \times 10^{-7} k_p)^2$$

得到 $X_p^4 = (8 \times 3.14 \times 50/0.348\ 9 \times 10^{-4})^2 \times 10^{-14} = 12.96$

$Y_p = X_p^4 / (192 + 0.8X_p^4)(D_c / S)^2 [(0.312(D_c / S)^2$

$+ 1.18/(X_p^4 / (192 + 0.8X_p^4) + 0.27)]$

$= 12.96/(192 + 0.8 \times 12.96) \times (30/100)^2$

$\{0.312(30/100)^2 + 1.18/[12.96/(192 + 0.8 \times 12.96) + 0.27]\} = 0.02$

单位长度交流电阻 $R = R'(1 + Y_s + Y_p) = 0.348\ 9 \times 10^{-4} \times (1 + 0.064 + 0.02) = 0.378 \times 10^{-4}$（$\Omega$）

该电缆交流电阻为 $R_z = 0.378 \times 10^{-4} \times 2300 = 0.869\ 9$（$\Omega$）

3. 电容

由公式
$$C = 2\pi\varepsilon_0\varepsilon / \ln(D_i / D_c)$$

得到单位长度电容 $C' = 2 \times 3.14 \times 8.86 \times 10^{-12} \times 2.5/\ln(65/30)$

$= 0.179 \times 10^{-6}$（F）

该电缆电容为 $C = 0.179 \times 10^{-6} \times 2300 = 0.411 \times 10^{-3}$（F）

答：该电缆的直流电阻为 $0.080\ 25\Omega$，交流电阻为 $0.869\ 9\Omega$，电容为 0.411×10^{-3}F。

4.1.5　绘图题

La5E1001　画出图 E-1 的三视图。

答：如图 E-2 所示。

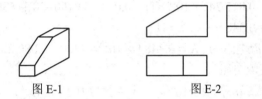

图 E-1　　　　　　　　　　图 E-2

La5E1002　如图 E-3 所示的三视图，补画出漏划的图线。

答：如图 E-4 所示。

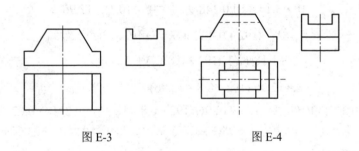

图 E-3　　　　　　　　　　图 E-4

La5E1003　如图 E-5 所示的三视图，补画出漏划的图线。

答：如图 E-6 所示。

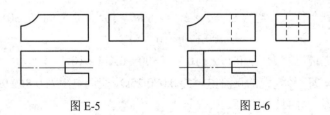

图 E-5　　　　　　　　　　图 E-6

La5E2004 已知电缆专业常用的电气图形符号，如图 E-7（a）所示，将其名称填在相对应的位置。

答：如图 E-7（b）所示。

1	2	3	4	5

(a)

1	2	3	4	5
屏蔽导线	导线或电缆的分支和合并	电缆预留	电缆穿管敷设	电缆中间接线盒

(b)

图 E-7

La5E3005 已知电缆专业常用电气图形符号，如图 E-8（a）所示，将其名称填在相应的位置。

答：如图 E-8（b）所示。

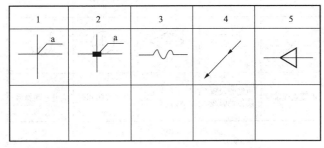

1	2	3	4	5

图 E-8（a）

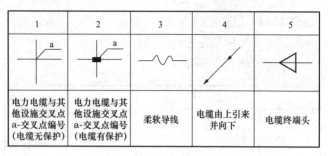

1	2	3	4	5
电力电缆与其他设施交叉点 a-交叉点编号（电缆无保护）	电力电缆与其他设施交叉点 a-交叉点编号（电缆有保护）	柔软导线	电缆由上引来并向下	电缆终端头

图 E-8（b）

La5E4006　已知电缆专业常用电气图形符号，如图 E-9（a）所示，将其名称填在相应位置。

答：如图 E-9（b）所示。

1	2	3	4	5

(a)

1	2	3	4	5
电缆直埋敷设	电缆旁设置防雷消弧线	电缆分支接线盒	电缆气闭套管	人孔一般符号

(b)

图 E-9

La4E1007 根据如图 E-10 所示立体图，画出三面投影图。

答：如图 E-11 所示。

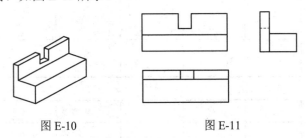

图 E-10   图 E-11

La4E2008 图 E-12（a）为电气电路图形符号，将其名称填在相应的位置。

答：如图 E-12（b）所示。

1	2	3	4	5
▷		⊗	⊙⊙	

(a)

1	2	3	4	5
▷		⊗	⊙⊙	
二极管	熔断器	照明灯	双绕组变压器	三绕组变压器

(b)

图 E-12

La4E2009 图 E-13（a）为常用电气电路图形符号，将其对应名称填在空格内。

答：如图 E-13（b）所示。

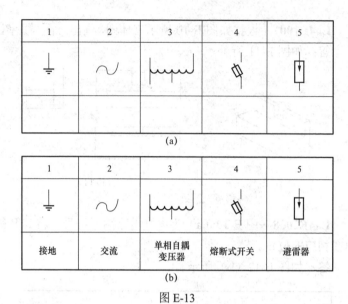

1	2	3	4	5

(a)

1	2	3	4	5
接地	交流	单相自耦变压器	熔断式开关	避雷器

(b)

图 E-13

La4E2010 图 E-14（a）为常用的电气图形符号，将其名称填在对应位置。

答：如图 E-14（b）所示。

1	2	3	4	5
MD	MA	GD	GA	

(a)

1	2	3	4	5
MD	MA	GD	GA	
直流电动机	交流电动机	直流发电机	交流发电机	电容器

(b)

图 E-14

La4E2011 图 E-15（a）为电气图形符号，将其名称填在对应位置。

答：如图 E-15（b）所示。

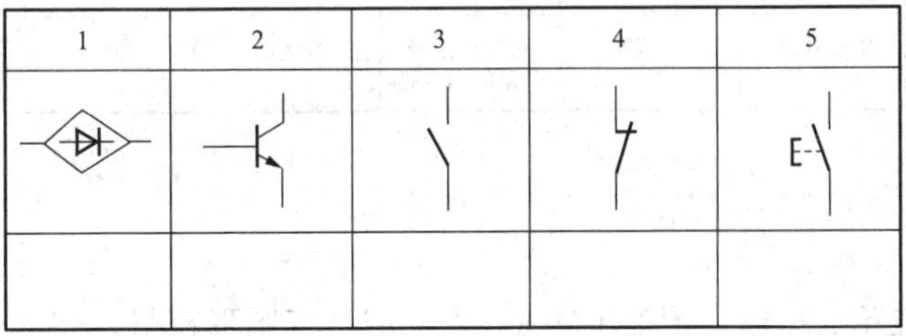

1	2	3	4	5

（a）

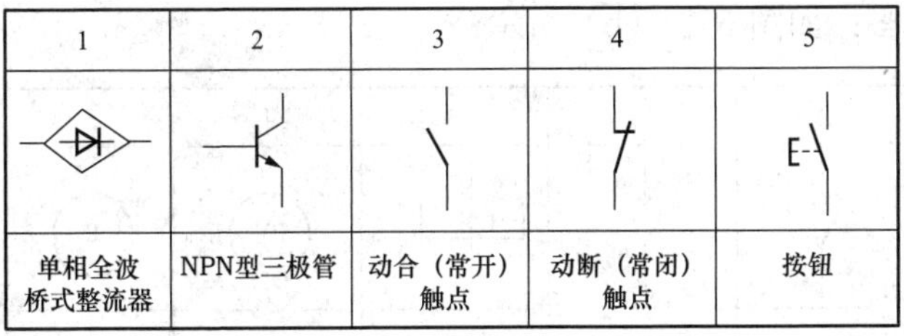

1	2	3	4	5
单相全波桥式整流器	NPN型三极管	动合（常开）触点	动断（常闭）触点	按钮

（b）

图 E-15

La452012 图 E-16（a）为常用电气图形符号，将其名称填在对应位置。

答：如图 E-16（b）所示。

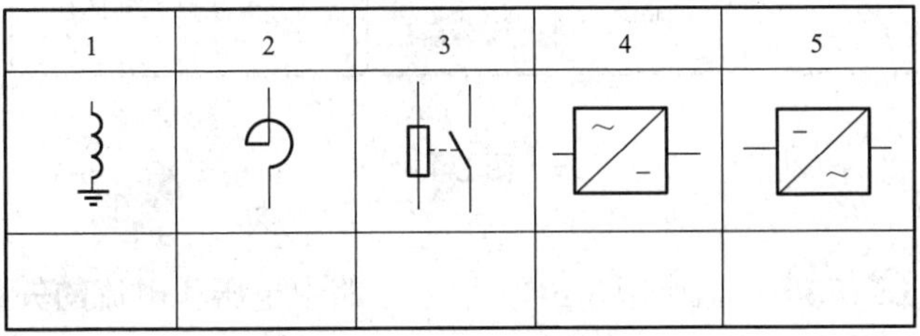

1	2	3	4	5

（a）

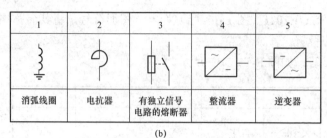

1	2	3	4	5
消弧线圈	电抗器	有独立信号电路的熔断器	整流器	逆变器

(b)

图 E-16

La4E2013 图 E-17（a）为常用电气图形符号，将其名称填在对应位置。

答： 如图 E-17（b）所示。

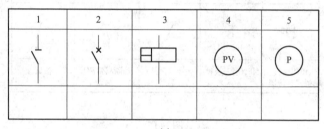

1	2	3	4	5
			PV	P

(a)

1	2	3	4	5
			PV	P
隔离开关	断路器	快速继电器的线圈	无功功率表	相位表

(b)

图 E-17

La4E3014 画出图 E-18 所示电路中电压和电流的矢量关系。

答： 如图 E-19 所示。

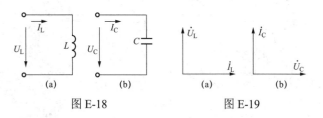

图 E-18　　　　　　　　　图 E-19

La4E5015　图 E-20 为一个 R、L 串联电路，请画出矢量关系图、电压三角形和阻抗三角形。

答： 如图 E-21 所示。

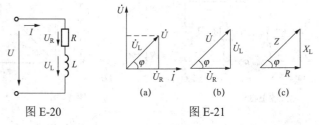

图 E-20　　　　　　　　　图 E-21

（a）矢量关系图；（b）电压三角形；（c）阻抗三角形

La3E1016　画出电动势 $e=40\sin(\omega t+60°)$ 的波形图。

答： 如图 E-22 所示。

La3E1017　如图 E-23 所示，分别画出其相应的简化等效电路图。

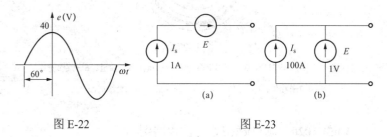

图 E-22　　　　　　　　　图 E-23

答： 如图 E-24 所示。

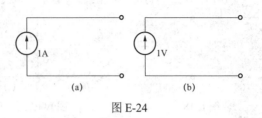

图 E-24

La3E2018　已知电路如图 E-25 所示，用相量图求 $\dot{I}$ 。
答：如图 E-26 所示。

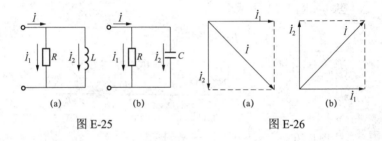

图 E-25　　　　　　　　　　图 E-26

La2E1019　画出单芯自容式充油电力电缆结构图。
答：如图 E-27 所示。

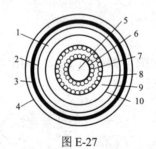

图 E-27

1—铅护套；2—内衬层；3—加强钢带；4—外护套；5—油道；6—螺纹管；

7—导体；8—导体屏蔽；9—绝缘层；10—绝缘屏蔽

Lb5E1020　画出π型 LC 滤波电路图。
答：如图 E-28 所示。

Lb5E2021　画出 *LC* 滤波电路图。

答：如图 E-29 所示。

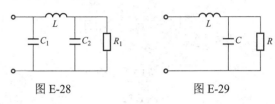

图 E-28　　　　　　　　　　图 E-29

Lb5E4022　画出图 E-30 所示正序、负序和零序三相对称分量相加的相量图。

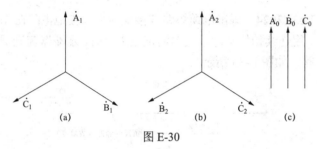

图 E-30

答：如图 E-31 所示。

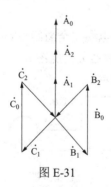

图 E-31

Lb4E1023　画出三芯交联聚乙烯电缆的结构图。

答：如图 E-32 所示。

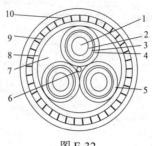

图 E-32

1—导体；2—导体屏蔽；3—交联聚乙烯绝缘；4—绝缘屏蔽；5—螺旋铜带；

6—中心填芯；7—填料；8—内护套；9—铠装层；10—外护层

Lb3E3024 画出电缆短路或接地故障（接地电阻在 100Ω 以下）用连续扫描脉冲示波器测试故障点时，示波器荧光屏图。

答：如图 E-33 所示。

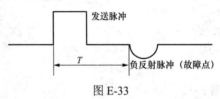

图 E-33

Lb3E3025 画出电缆完全断线故障，采用连续扫描示波器法测寻故障点时，示波器荧光屏图。

答：如图 E-34 所示。

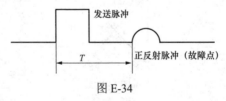

图 E-34

Lb3E4026 画出电缆高阻接地故障（接地电阻在 100kΩ 以上），采用高压一次扫描示波器测寻故障点时，示波器荧光屏图。

答：如图 E-35 所示。

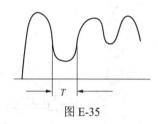

图 E-35

Lb2E3027 画出一张简要的火电厂汽水循环图，系统中包括锅炉、过热器、给水泵、高、低压加热器（各 1 个）、凝结水泵、除氧器、凝汽器、水处理设备、汽轮机及发电机。

答：如图 E-36 所示。

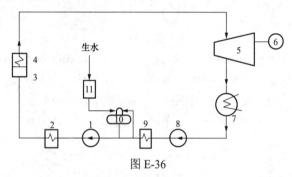

图 E-36

1—给水泵；2—高压加热器；3—锅炉；4—过热器；5—汽轮机；

6—发电机；7—凝汽器；8—凝结水泵；9—低压加热器；

10—水处理设备；11—除氧器

Lb1E4028 画出一台机组生产流程图。

答：如图 E-37 所示。

Lb1E4029 如图 E-38 所示，画出表示角钢煨成 90°角时的划线图。

答：如图 E-39 所示。

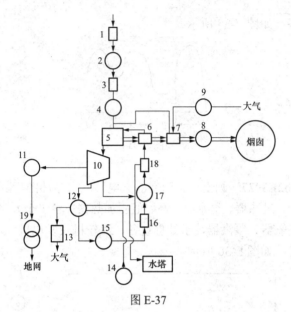

图 E-37

1—原煤仓；2—磨煤机；3—煤粉仓；4—给粉机；5—锅炉；6—省煤器；

7—空气预热器；8—引风机；9—送风机；10—汽轮机；11—发电机；

12—凝汽器；13—抽汽器；14—循环水泵；15—凝结水泵；

16—除氧器；17—给水泵；18—加热器；19—升压变压器

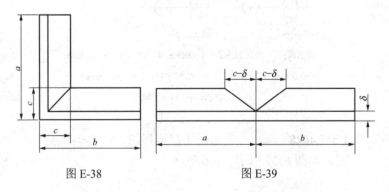

图 E-38   图 E-39

Jd5E1030 画出 VLV22-1 电缆结构。

答：如图 E-40 所示。

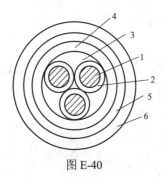

图 E-40

1—铝导体；2—聚氯乙烯绝缘；3—填料；4—聚氯乙烯内护套；

5—铠装层；6—聚氯乙烯外护套

Jd5E2031 画出电缆轴向、径向磁力线的分布示意图。

答：如图 E-41 所示。

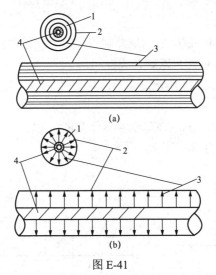

(a)

(b)

图 E-41

（a）电缆轴向磁力线分布；（b）电缆径向磁力线分布

1—绝缘；2—外半导体屏蔽；3—轴向电场磁力线；4—导体

Jd5E3032 画出单母线接线示意图。

答：如图 E-42 所示。

Jd5E3033　画出单母线分断接线示意图。

答：如图 E-43 所示。

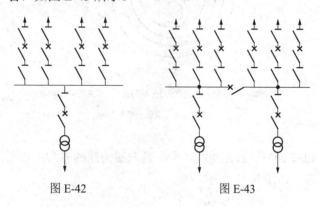

图 E-42　　　　　　　　　　　　图 E-43

Jd5E3034　试画出两地控制一灯的电路原理图，并标明所用电气元件，用两只双联开关控制。

答：如图 E-44 所示。

Jd5E4035　画出双母线接线示意图。

答：如图 E-45 所示。

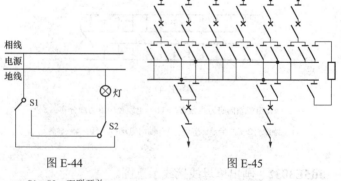

图 E-44　　　　　　　　　　　图 E-45

S1、S2—双联开关

Jd5E4036 画出图 E-46 所示的三相四线制线路的结构图，标出相电压和线电压。

答：如图 E-47 所示。

图 E-46

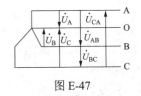

图 E-47

Jd5E4037 画出单相功率表的接线方法。

答：如图 E-48 所示。

Jd4E1038 画出日光灯原理接线图。

答：如图 E-49 所示。

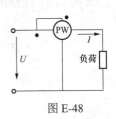

图 E-48

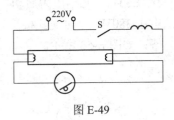

图 E-49

Jd4E1039 画出单相二倍压整流电路的原理接线图。

答：如图 E-50 所示。

Jd4E3040 画出单相全波整流电路图，并用实线和虚线分别标明在整流变压器二次电压为正半周和负半周时整流电流的流向。

答：如图 E-51 所示。

Jd4E4041 画出用绝缘电阻表进行三芯电缆核相的接线示意图。

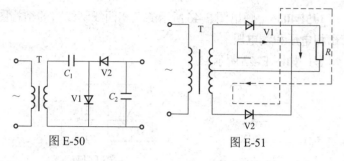

图 E-50　　　　　　图 E-51

答：如图 E-52 所示。

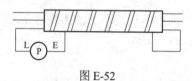

图 E-52

Jd4E5042　画出磁力启动器的原理接线展开图（控制电路电源电压 380V，不可逆式接法）。

答：如图 E-53 所示。

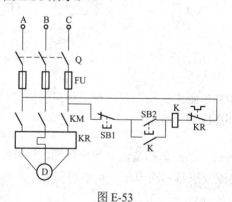

图 E-53

Jd4E5043　绘制出一个简化的火力发电厂汽水循环图，系统内包括锅炉（画出过热器）、给水泵、凝汽器、汽轮机及发电机。

178

答：如图 E-54 所示。

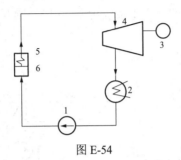

图 E-54

1—给水泵；2—凝汽器；3—发电机；4—汽轮机；5—过热器；6—锅炉

Jd3E2044 画出高压厂用工作电源从发电机出口引出的引接方式图。

答：如图 E-55 所示。

Jd3E3045 画出厂用变压器二次侧为星形接线，中性点经高阻接地的原理接线图。

答：如图 E-56 所示。

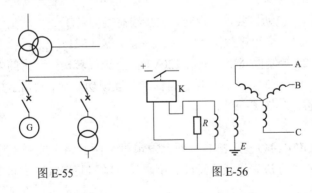

图 E-55   图 E-56

Jd3E4046 画出零序电流取得的原理接线图。

答：如图 E-57 所示。

Jd3E4047 画出一台发电机主变压器和两回路出线构成的单母线带旁路的一次主接线示意图(可不画互感器和避雷器，不标文字代号)。

答：如图 E-58 所示。

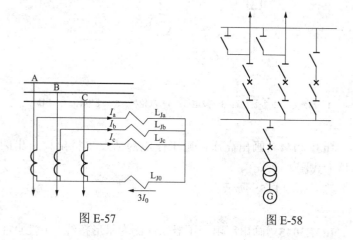

图 E-57

图 E-58

Jd3E5048 请画出一台交流 380V 全电压启动的电动机主接线图。要求：

（1）电动机要求正反转，主接线有闸刀（Q）、自动空气开关（QF）、交流接触器（KM）、热继电器（KH）；

（2）控制回路电压交流 220V，具有正反转极限停止的限位开关（S1、S2），具有正反转自保持及互锁功能（不画指示灯）。

答：如图 E-59 所示。

Ld2E2049 画出具有两台发电机和两回路出线的单母线隔离开关分段主接线示意图（不画互感器和避雷器，不标文字代号）。

答：如图 E-60 所示。

Jd2E3050 试画出电流电压连锁速断保护展开图。

答：如图 E-61 所示。

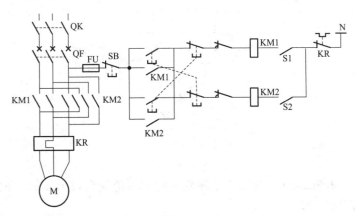

图 E-59

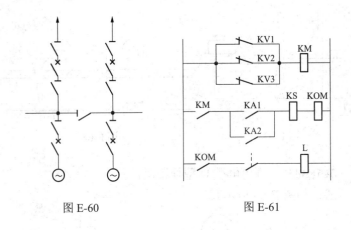

图 E-60   图 E-61

Jd2E4051   画出厂用变压器二次侧为三角形连接，中性点经高阻接地的原理接线图。

答：如图 E-62 所示。

Jd1E4052   画出电流保护的两相电流差接线图。

答：如图 E-63 所示。

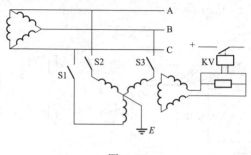

图 E-62

Je5E2053 画出在电缆隧道内采用滑轮敷设电缆的两种方法。

答：如图 E-64 所示。

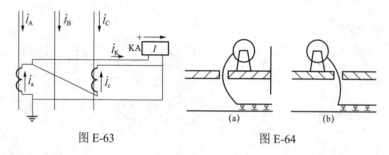

图 E-63   图 E-64

Je5E3054 画出电缆 U 型导管埋设图。

答：如图 E-65 所示。

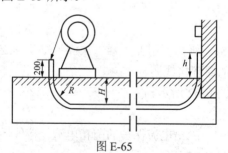

图 E-65

H—埋设深度；R—弯曲半径；h—参考设备安装高度

Je5E4055　画出电缆隧道结构示意图（不标注尺寸，两侧均有支架）。

答：如图 E-66 所示。

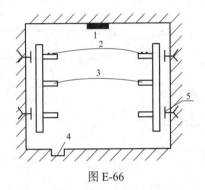

图 E-66

1—装灯用预埋件；2—电缆；3—支架；4—排水沟；5—安装支架用预埋件

Je4E1056　画出环氧树脂复合物的配制示意图。

答：如图 E-67 所示。

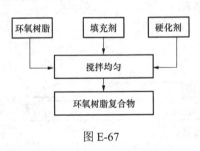

图 E-67

Je4E2057　画出零序电流互感器位于铠装层内户内电缆终端接地线的安装方法。

答：如图 E-68 所示。

Je4E2058　画出用绝缘电阻表摇

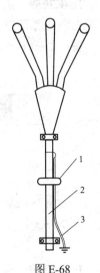

图 E-68

1—零序电流互感器；

2—铠装层；3—接地线

测电缆某相对另外两相及铠装层的绝缘电阻测试图。

答：如图 E-69 所示。

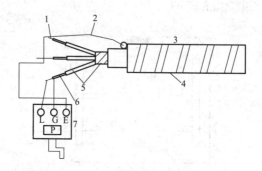

图 E-69

1—导体；2—地线；3—三相三芯铠装电缆；

4—铠装层；5—绝缘层；6—屏蔽层；7—绝缘电阻表

Je4E3059 画出 10kV 单芯交联电缆户内冷缩终端切剥尺寸示意图，并标出各部位名称。

答：如图 E-70 所示。

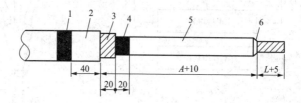

图 E-70

1—标志带；2—外护套；3—铜带；4—外半导电层；5—绝缘层；6—倒角；

L—接线端子孔深；A—根据电缆截面大小选择，在 178～292mm 之间

Je4E3060 画出 YJV22 型电缆剥切示意图。

答：如图 E-71 所示。

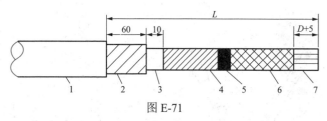

图 E-71

1—外护套；2—钢带；3—填料；4—铜带；5—半导电层；6—绝缘层；7—导体

Je4E4061 画出交联聚乙烯电缆热缩中间接头的电缆剥切及安装示意图。

答：如图 E-72 所示。

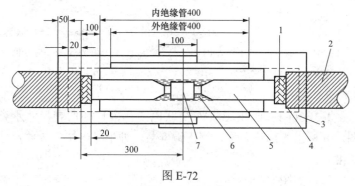

图 E-72

1—半导层；2—铜屏蔽层；3—半导电管；4—应力管；

5—导体绝缘；6—填充胶；7—接线管

Je4E4062 画出 10kV 户外交联聚乙烯绝缘电缆热缩终端头外形图。

答：如图 E-73 所示。

Je3E2063 画出 35kV 交联电缆户内预制终端结构示意图，并标出各部位名称。

答：如图 E-74 所示。

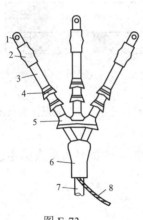

图 E-73

1—端子；2—密封管；3—绝缘管；

4—单孔防雨裙；5—三孔防雨裙；

6—手套；7—PVC 护套；8—接地线

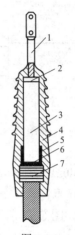

图 E-74

1—接线端子；2—绝缘端口；3—交联聚乙

烯绝缘；4—预制终端；5—应力锥；

6—外半导电层；7—半导电带

Je3E3064 画出 35kV 交联电缆户内预制切剥尺寸示意图，并标出各部位名称，写出铜屏蔽、外半导电层、导体尺寸长度。

答：如图 E-75 所示。

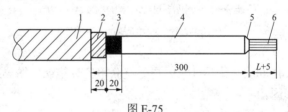

图 E-75

1—外护层；2—铜屏蔽层；3—半导电层；4—导体绝缘层；5—内屏蔽层；6—导体

Je3E3065 把三个单相三绕组的电压互感器接入三相电源，一次绕组接成星形，主二次绕组接成星形，附加二次绕组接成开口三角形（B 相接地）。请画出其接线图。

答：如图 E-76 所示。

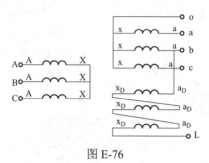

图 E-76

Je2E4066　画出三相异步电动机可逆运行的电气主回路及控制原理图（要求具有接触器和按钮开关双重电气互锁）。

答：如图 E-77 所示。

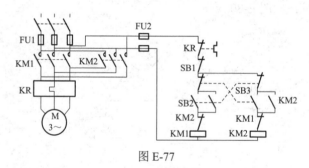

图 E-77

Je2E4067　画出双电源单母线断路器分段的主接线。

答：如图 E-78 所示。

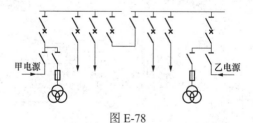

图 E-78

187

Je2E4068 画出变压器短路干燥接线图。

答：如图 E-79 所示。

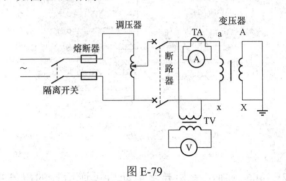

图 E-79

Je2E2069 画出双臂电桥法测量电缆直流电阻接线图。

答：如图 E-80 所示。

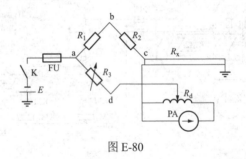

图 E-80

Je2E3070 绘出电缆故障测距的直闪法测试接线图。

答：如图 E-81 所示。

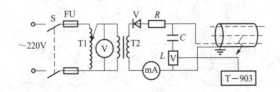

图 E-81 直闪法测试接线图

Je2E3071 画出电缆低阻接地故障（接地电阻在 100kΩ以下），用电桥法测试故障点的原理图。

答：如图 E-82 所示。

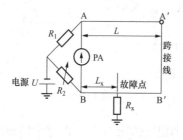

图 E-82

Je1E3072 画出自容式充油电缆线路工作原理图。

答：如图 E-83 所示。

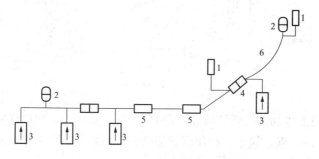

图 E-83

1—重力供油油箱；2—终端；3—压力供油箱；

4—塞止接头；5—绝缘接头；6—电缆

Je1E1073 请设计一电动机控制回路，此回路应能实现合闸后电机一直转动至限位停止，再次合闸时电机反转至限位停止，依次交替进行。

答：如图 E-84 所示。

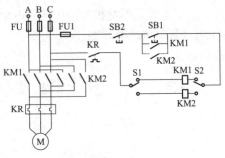

图 E-84

Je1E1074 画出三倍压串级直流输出的耐压电路图。

答: 如图 E-85 所示。

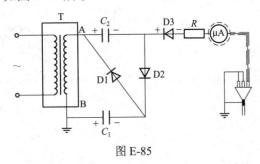

图 E-85

Lb1E2075 请连线完善图 E-86（a）所示电力电缆线路交叉互联、双端接地、护层保护器 Y_0 接线的示意图（图中 Z 为护层保护器）。

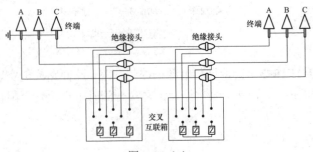

图 E-86（a）

答：如图 E-86（b）所示。

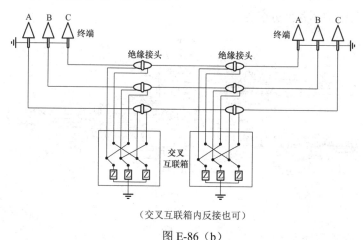

（交叉互联箱内反接也可）

图 E-86（b）

Lb1E2076 画出单芯电缆金属护套交叉互联原理接线图及感应电压分布图。

答：如图 E-87 所示。

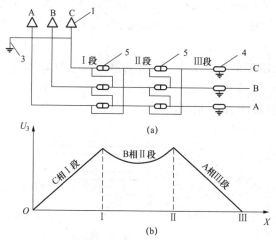

图 E-87 单芯电缆金属护套交叉互联原理接线图

（a）交叉互联接法示意图；（b）沿线感应电压分布图

Je1E5077 如图 E-88 所示，标出 110kV 交联电缆 T 字接头结构图各部分名称。

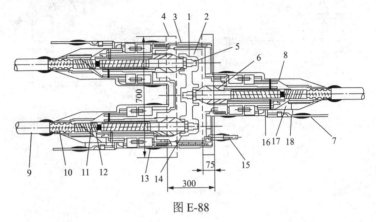

图 E-88

答：如图 E-88 所示，各部分名称如下：1 为连接盒；2 为绝缘体；3 为防腐层；4 为外壳；5 为连接金具；6 为应力锥；7 为同轴电缆；8 为套筒；9 为外护套；10 为铝包；11 为铜带；12 为半导电层；13 为自粘带、防水带、PVC 带；14 为固定金具；15 为接地端子；16 为固定螺梗；17 为填充剂；18 为编织铜线。

Je1E4078 画出用油流法测量充油电缆漏油点管路示意图。

答：如图 E-89 所示。

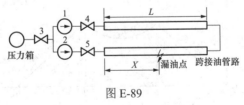

图 E-89

1、2—流量计；3、4、5—控制阀门

Jf5E3079　画出一个 M20 螺母的加工图。

答：如图 E-90 所示。

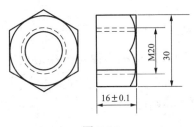

图 E-90

Jf5E3080　画出用三表法（电压表、电流表、功率表）测量线圈电感及交流等效电阻的接线图。

答：如图 E-91 所示。

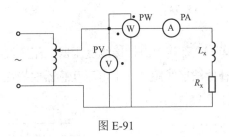

图 E-91

Jf4E3081　画出用自耦变压器减压启动的电动机控制接线图。

答：如图 E-92 所示。

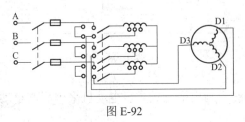

图 E-92

Jf4E3082 画出用三只瓦特表测量三相四线制电路中不平衡负荷功率的原理接线图。

答：如图 E-93 所示。

Jf3E4083 画出发电机中性点经接地变压器接地的原理接线图。

答：如图 E-94 所示。

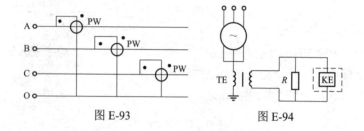

图 E-93　　　　　　　图 E-94

J1E5084 试画出 Yd11 接线变压器三相三继电器式纵差保护的相位补偿法接线图（标出电流互感器的极性）。

答：如图 E-95 所示。

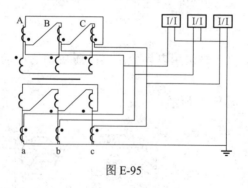

图 E-95

J1E5085 画出鼠龙式异步电动机采用丫-△自动启动的控制接线图。

答： 如图 E-96 所示。

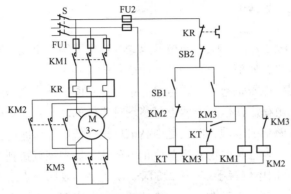

图 E-96

4.1.6　论述题

La5F3001　电压、电位及电动势有何不同？电流内部电子移动和电源外部电子移动的原因是否一样？

答：电压是电场（或电路）中两点之间的电位之差。它是单位正电荷，在电场内两点间移动时所做的功，它表示电场力对电荷做功的本领。电压是由高电位指向低电位，即电压降低的方向。电位是电场力将单位正电荷从电场中该点移到参考点（参考点的电位等于零）所做的功，功越多则表明该点的电位越高。电位具有相对性。电动势是指在电源内部，电源力将单位正电荷从电源负极移到正极所做的功，其方向由电源负极指向正极。电动势描述电源力（非电场力）做的功的物理量，而电压则描述电场力做功的物理量。电动势仅存在于电源内部，而电压不仅存在于电源的两端，而且存在于电源外部；它们的单位都是伏特（V）。电源内部电子移动的原因是在外力作用下，把单位正电荷从电源的负极经电源内部移到正极，电源外电路电子移动的原因，是处于外加电场中的导体两端具有电位差时，电子受到电场力的作用而形成的有规则的定向运动。

La4F3002　什么是电磁力？它的方向怎样确定？其大小与什么有关？

答：通电导体在磁场中受到力的作用，这个力称电磁作用力，这种电流与磁场相互作用的现象称电磁现象。电磁力的方向用左手定则确定，应用左手定则时将左手掌伸直，大拇指与四指垂直放在一个平面上，让磁力线垂直穿过手心，四指指向电流方向，则拇指所指方向就是导体的受力方向。电磁力的大小根据试验可得，电磁力 F 的大小与导体中电流大小成正比、与导体在磁场中的有效长度及载流导体所在位置的磁感应强度成正比，即：$F = BIl\sin\alpha$（α 为直导体与磁感应强度间的夹角）。

La3F3003　为什么三相异步电机的转速总是小于同步转速？

答：三相异步电动机转子导体上的电流是感应产生的，所以异步电动机也可称为感应电动机。如果转子转速达到旋转磁场的转速，则两者之间相对静止，转子转速和旋转磁场转速做到同步，此时转子上导体无切割磁力线运动，转子导体不能感应电动势，当然也不可能有感应和电磁转矩，所以感应电动机的转速总是小于旋转磁场的转速（同步转速），并且随着负荷增大转速还要降低。

La2F3004　同步发电机的定子电动势是怎样产生的？同步电机的"同步"是什么意思？

答：导线切割磁力线时，就能产生感应电动势，若将导线闭合成回路，就有电流通过，这就是发电机工作的基本原理。

当原动机驱动发电机的转子以转速 $n_N = 60f/P$ 逆时针做恒速旋转时，在定子的气隙内产生按正弦规律分布的旋转磁场，定子三相绕组依次切割磁力线，在定子三相绕组分别感应出幅值大小相等、时间上彼此相差120°电角度的正弦交流电动势。由于定子三相绕组的空间位置是对称的，因此，定子三相绕组中的感应电动势也是对称的，一般情况下，定子三相绕组接成星形，向负荷供电。

同步电机试运行时，在气隙里有转子和定子两个旋转磁场，当定子磁场和转子磁场以相同的方向、相同的速度旋转时，就叫"同步"。

La1F3005　举出火力发电厂汽轮发电机的几种励磁方式，并做简单说明。

答：发电机的励磁方式有：

（1）直流励磁机方式是电力系统发展初期，同步发电机的容量不大，励磁电流由发电机同轴直流发电机供给；其缺点是有电刷、换向整流转子等运行维护工作量大，此外，制造大型发电机很复杂，因此，不适用于大发电机。

（2）交流励磁机加整流器方式，就是把发电机同轴连接的专供励磁用的交流发电机的输出电流，用硅整流器整流后供给发电机励磁。无换向器维护容易，所以在新近的较大型发电机上广泛采用。

（3）旋转硅整流励磁方式，就是把方式（2）中的整流器作成旋转式，直接连接在发电机转子线圈上，其特点是全无刷，直流绕组则是静止的，优点是省去碳刷维护工作，故广泛应用于大型发电机上。

（4）静止励磁方式，其励磁功率取自发电机本身，采用励磁变压器作为电压源，励磁变流器作为电流源，由电流源和电压源构成励磁系统，其特点是取消励磁机，机构简单，运行维护方便。

Lb5F3006　采用电力电缆与采用架空线相比有何优点？

答： 采用电力电缆输送电能比用架空线有下列优点：

（1）占地面积小，在地下敷设不占地面空间，不受路面建筑物的影响，也不要求在路面架设杆塔和导线，易于向城市房屋密集的地方或风景区供电，使市容整齐美观。

（2）对人身比较安全。

（3）供电可靠，不受外界的影响，不会产生如雷击、风害、挂冰、风筝和鸟害等，不会造成如架空线的短路和接地等故障。

（4）在地下敷设，比较隐蔽，宜于战备。

（5）运行比较简单方便，维护工作量少。

（6）电缆的电容较大，有利于提高电力系统的功率因数。

Lb5F3007　电缆的基本结构如何？各部分各起什么作用？

答： 电缆的基本结构主要包括导体、绝缘层和保护层三部分。导体具有较高的导电性，提供电流通路，传输电能；绝缘层则使导电导体之间以及大地之间在电气上绝缘，以保证导电导体传输电能成为可能，要求具有较高的绝缘强度，耐高温；保护层的作用是保护绝缘层，分为内护层和外护层两部分。内护层保护绝缘不与空气、水分或其他物体接触。电缆外护层的作用是保护内护层不受外界机械损伤和化学腐蚀。

Lb5F3008　为什么保护电缆的阀型避雷器的接地线要和电缆金属护层相连接？

答：阀型避雷器的接地线与电缆金属护层连接的目的，主要是利用电缆外皮的分流作用来降低过电压的幅值。因为雷击线路时，很大一部分雷击电流将沿电缆金属护层流入大地，电缆芯上将感应出与外加电压相等、符号相反的电动势，它能阻止雷电流沿电缆导体侵入配电装置，从而降低了配电装置上的过电压幅值。此外，避雷器的接地线与电缆金属护层相连接，还可以保证避雷器放电时加在电缆主绝缘上的过电压仅为避雷器的残压。

Lb4F3009　单芯交流电缆为什么不采用钢带铠装？

答：当电缆导体通过电流时，在其周围便产生磁力线，磁力线与通过导体的电流大小成正比，在三芯统包型电缆中，当三相电流平衡时，则在电缆护层铅包、铠装中无磁力线通过，但是在单芯电缆中，即使系统中三相电流平衡，由于三芯分别有护套，故在护层中均有磁力线通过，护层中通过磁力线的数量与导磁率成正比，而钢带为铁磁性材料，导磁率很高，因此，钢带中通过较多的磁力线，由于交流电流是交变的，所以在钢带中产生交变的磁力线，据电磁感应定律可知，在钢带中将产生涡流使电缆发热，当钢带在线路两端接地而形成闭合回路时，便在钢带中产生一感应电流，其大小随电流的增大而增大，将会产生较大损耗而发热影响电缆转送容量，因此，在交流系统中使用的单芯电缆不能采用钢带铠装。

Lb4F3010　为什么要计算电缆长期允许载流量？影响长期载流量的因素有哪些？

答：载流量是指一条电缆线路在输送电能时所通过的电流量，在热稳定条件下，当电缆导体达到长期允许工作温度时的电缆载流量称为电缆长期允许载流量。在实际工程中，可根据需要参考电缆在不同环境和条件下的长期允许载流量，选择不同型号的电缆，并确定所需电缆的数量和电缆的敷设形式。因此，计算电缆的长期允许载流量具有十分重要的意义。

影响电缆长期允许载流量的主要因素有：

（1）电缆导体的长期允许工作温度，即导体所承受的最高温度。此温度越高，电缆的长期允许载流量越大；

（2）电缆所处环境的周围介质（空气、土壤）的温度，特定场所下特定电缆的长期允许载流量；

（3）电缆导体截面积，导体截面积越大，它的允许载流量越大；

（4）电缆导体材料的电阻系数，电阻系数越大，允许载流量越小；

（5）电缆周围环境热阻，热阻越大，散热越慢，载流量越小。

Lb4F3011　半导材料的性能是什么？怎样用它来消除电应力？

答：半导电材料是一种导电性能介于导体和绝缘体之间的一类用途很广的电气材料。在电力电缆结构中，为了使绝缘和导体、绝缘层和金属护套有良好的接触，均在其中增加一层半导体层，其电阻率为 $10^3 \sim 10^6 \Omega \cdot m$，它且有电屏蔽作用，同时可吸附杂质、离子，增加绝缘的稳定性。

在电缆头制作中，由于需将金属护套和绝缘层割断，导体连接处截面加大，附加绝缘的厚度、介质常数与电缆本体绝缘不同等原因，电缆头内的电场分布较之电缆本身发生较大的变化，这种变化主要表现在产生了沿电缆绝缘表面（轴向）方向的电场强度。

为了消除上述现象，改善电场分布，包绕热缩半导体材料，通过分布电容与电阻的作用，达到消除电应力的目的。

Lb3F3012　对零序电流互感器的安装有哪些要求？为什么？

答：安装零序电流互感器时，电缆头应与支架绝缘，并将电缆头的接地线穿过零序电流互感器的铁芯窗口再接地。

这样做是因为发生接地故障时，接地电流不仅可能在地中流动，还可能通过故障线路的导电外皮或非故障电缆外皮流动；正常运行时，地中杂散电流也可能在电缆外皮上流过，这些电流可能导致保护的误动作、拒绝动作或使其灵敏度降低。为此将电缆头的接地线穿过零序互感器的窗口接地，可使流进电缆外皮的接地电流从地线流出，这样不会在零序电流互感器的铁芯里产生磁通，从而消除上述影响。

Lb3F3013　测量电缆线路绝缘电阻时应注意哪些事项？

答：（1）试验前将电缆放电、接地，以保证安全及试验结果准确；

（2）绝缘电阻表应放置平稳的地方，以避免在操作时用力不匀使绝缘电阻表摇晃，致使读数不准；

（3）绝缘电阻表在不接被试品开路空摇时，指针应指在无限大"∞"位置；

（4）电缆绝缘头套管表面应该擦干净，以减少表面泄漏；

（5）从绝缘电阻表的火线接线柱"L"上接到被试品上的一条引线的绝缘电阻，相当于和被试设备的电阻并联，因此要求该引线的绝缘电阻较高，并且不应拖在地上；

（6）操作绝缘电阻表时，手摇发电机应以额定转数旋转，一般保持为 120r/min 左右；

（7）在测定绝缘电阻兼测定吸收比时，应该先把绝缘电阻表摇到额定速度，再把火线引线搭上，并从搭上时开始计算时间；

（8）电缆绝缘电阻测量完毕或需重复测量时，须将电缆放电，接地，电缆线路较长和绝缘好的电缆线路接地时间应长些，一般不少于 1min；

（9）由于电缆线路的绝缘电阻值受到很多外界条件的影响，所以在试验报表上，应该把所有影响绝缘电阻数值的条件(例如温度、相对湿度、绝缘电阻表电压等)都记录下来。

Lb3F3014　为什么运行中的电流互感器二次侧不能开路？

答：运行中的电流互感器，其二次侧所接的负荷均为仪表或继电器电流线圈等，阻抗非常小，所以电流互感器的工作状态相当于变压器的短路运行。这样，由于二次电流产生的磁通和一次电流产生的磁通互相去磁的结果，使铁芯中的磁通密度能维持在较低的水平，此时，电流互感器的二次电压也很低。

当运行中二次线圈开路后，一次侧的电流仍然不变，而二次电流等于零，则二次电流产生的去磁通也消失了。这样，一次电流全部变成励磁电流，使电流互感器的铁芯骤然饱和，此时铁芯中的磁通密度可高达 1.8T 以上，由于铁芯的严重饱和，将产生以下几个后果：

（1）由于磁通饱和，电流互感器的二次侧将产生数千伏的高压，对二次绝缘构成很大威胁，对电气设备和运行人员有很大危险；

（2）由于铁芯的骤然饱和，使铁芯损耗增加，严重发热，绝缘有烧坏的可能；

（3）将在铁芯中产生剩磁，使电流互感器的电流误差和角差误差增大,影响计量的准确性。

因此,电流互感器在运行中是不能开路的。

Lb3F3015　油纸绝缘电缆为什么一般采用直流耐压试验?

答: 为了减少事故,预防事故发生,运行中的电缆应定期进行预防性耐压试验。

(1)耐压试验一般采用直流电压,因为直流耐压试验没有容性电流,使试验设备容量小;

(2)直流耐压试验不易损伤电缆绝缘;

(3)由于直流电压与被试体的电阻率呈正比分布,绝缘完好时,电阻率较高的绝缘油承受较高施压电压,电场分布合理,绝缘存在缺陷时,大部分试验电压施加在电阻率较高的绝缘完好部分,随着缺陷发展,绝缘完好部分承受的电压随之加大,直至击穿,因此有利于发现电缆绝缘缺陷;

(4)试验时电缆导体接负极,如绝缘中有水分子将会阴电渗透作用使水分子从表层向导体移动,易于击穿,有利于发现缺陷;

(5)试验时绝缘击穿与电压作用时间关系不大。

Lb2F3016　什么叫备用电源自动投入装置?它应满足哪些要求?

答: 备用电源自动投入装置简称"AAT",就是当工作电源或工作设备因故障断开后,能自动将备用电源或备用设备投入工作,使用户不至于停电的一种自动装置,亦称为 AAT。

为了使备用电源自动投入装置能安全可靠的工作,应满足下列要求:

(1)只有在正常工作电源或工作设备断开后,AAT 才能动作;

(2)工作母线电压无论任何原因消失,AAT 均应动作;

（3）AAT 只能动作一次；

（4）AAT 的动作时间应使负荷停电时间尽可能短。

Lb2F3017　装有气体继电器的变压器，安装时有什么要求？目的是什么？

答：气体继电器安装于变压器油箱和油枕的通道上，有两个升高坡度要求：变压器的顶盖与水平面间应为 1%～1.5%（取变压器轨距）坡度；另一个是变压器油箱到油枕连接管的坡度，应为 2%～4%（厂家制造好），安装时复查是否合格，否则应加以调整，两个坡度的目的为：

（1）防止在变压器内储存空气；

（2）为了在故障时，便于使气体迅速可靠地冲入气体继电器，保证气体继电器的正确动作。

Lb2F3018　施工图预算与施工预算有什么区别？

答：主要区别有以下几个方面：

（1）在编制责任上的区别：施工图的预算是由施工企业的预算部门进行编制，而施工预算主要是由施工单位负责组织施工的有关人员进行编制。

（2）在编制依据上的区别：除施工图、设计说明书和施工组织设计外，施工图预算是依据《全面统一安装工程预算定额》和现行的《火电、送变电工程建设预算费用构成及计算标准》以及其他有关取费规定进行计算、编制。而施工预算则是按施工定额等进行编制的。

（3）在编制内容上的区别：施工图预算主要反应电力安装工程量及为完成这些工程量所需要的全部费用。而施工预算则主要反映了分部、分项工程量及为完成这些项目所需要的人工、材料及机械台班数量。

（4）在其作用上的区别：施工图预算是反映单位工程的安装工程价值，是确定电力建设施工企业收入的依据，而施工预算是用来指导施工，加强班组核算，控制各项成本支出的依据。

Lb1F3019　谈谈电力电缆运输的一般要求。

答：（1）电力电缆一般是缠绕在电缆盘上进行运输、保管和敷设施放的。30m 以下的短段电缆也可按不小于电缆允许的最小弯曲半径卷成圈子，并至少在 4 处捆紧后搬运。

（2）在运输和装卸电缆盘的过程中，关键的问题是不要使电缆受到碰撞、电缆的绝缘遭到破坏。电缆运输前必须进行检查，电缆盘应好牢固，电缆封应严密，并牢靠地固定和保护好。电缆盘在车上运输时，应将电缆盘牢靠地固定。装卸电缆盘一般和吊车进行，卸车时如果没有起重设备，不允许将电缆盘直接从载重汽车上直接推下。因为直接推下，除了电缆盘遭受破坏外，电缆也容易损坏。可以用木板搭成斜坡的牢固跳板，再用绞车或绳子拉住电缆盘使电缆盘慢慢滚下。

（3）电缆盘在地面上滚动必须控制在小距离范围内。滚动的方向必须按照电缆盘侧面上所示箭头方向(顺着电缆的缠紧方向)。如果采用反向滚动或电缆盘平卧会使电缆退绕而松散、脱落。这是不允许的。

Lb1F4020　试论交叉互联系统预防性试验方法和要求。

答：交叉互联系统除进行下列定期试验外，如在交叉互联大段内发生故障，则也应对该大段进行试验。如交叉互联系统内直接接地的接头发生故障，则与该接头连接的相邻两个大段都应进行试验。

（1）电缆外护套、绝缘接头外护套与绝缘夹板的直流耐压试验试验时必须将护层过电压保护器断开，在互联箱中将另一侧的三段电缆金属套都接地，使绝缘接头的绝缘夹板也能结合在一起试验，然后在每段电缆金属屏蔽或金属套与地之间施加直流电压 5kV，加压时间为 1min，不应击穿。

（2）非线性电阻型护层过电压保护器：① 碳化硅电阻片：

将连接线拆开后，分别对三组电阻片施加产品标准规定的直流电压后测量流过电阻片的电流值。这三组电阻片的直流电流值应在产品标准规定的最小值和最大值之间。如试验时的温度不是 200℃，则被测得电流值应乘以修正系数$(120-t)/100$（t 为电阻片的温度，0℃）。② 氧化锌电阻片：对电阻片施加直流参考电流后测量其压降，即直流参考电压，其值应在产品标准规定的范围之内。③ 非线性电阻片及其引线的对地绝缘电阻：将非线性电阻片的全部引线并联在一起与接地的外壳绝缘后，用 1kV 绝缘电阻表测量引线与外壳之间的绝缘电阻，其值不应小于 $10M\Omega$。

（3）互联箱：① 接触电阻：本试验在作完护层过电压保护器的上述试验后进行。将闸刀（或连接片）恢复到正常工作位置后，用双臂电桥测量闸刀(或连接片)的接触电阻，其值不应大于 $20\mu\Omega$。② 闸刀（或连接片）连接位置：本试验在以上交叉互联系统的试验合格后密封互联箱之前进行。连接位置应正确。如发现连接错误而重新连接后，则必须重测闸刀（或连接片）的接触电阻。

Lb2F4021　单芯电缆金属护套接地有哪些注意事项？

答：（1）护套一端接地的电缆线路如与架空线路相连接时，护套的直接接地一般设在与架空线相接的一端，保护器装设在另一端，这样可以降低护套上的冲击过电压。

（2）有的电缆线路在电缆终端头下部，套装了电流互感器作为电流测量和继电保护使用。护套两端接地的电缆线路，正常运行时，护套上有环流；护套一端接地或交叉互联的电缆线路，当护套出现冲击过电压，保护器动作时，护套上有很大的电流经接地线流入大地。这些电流都将在电流互感器上反映出来，为抵消这些电流的影响，必须将套有互感器一端的护套接地线，或者接保护器的接地线自上而下穿过电流互感器。

（3）高压电缆护层绝缘具有重要作用，不可损坏，电缆线路除规定接地的地方以外，其他部位不得有接地情况。

Lb1F3022　为什么要采用带方向的电流保护？方向过流保护按什么原则构成？

答：一般的定时限过流保护和电流速断保护只能用在单电源供电的线路上，随着电力系统的发展及用户对供电可靠性要求的提高，出现了双侧电源或单电源环网供电，采用普通的电流保护就不能获得正确的选择性，这时，就必须采用方向保护（功率方向继电器）。

方向过流保护的构成原则是用功率方向继电器判别功率的方向。正方向故障，功率从母线流向线路时就动作；反方向故障，功率从线路流向母线时不动作。

Lb1F3023　质量管理的基础工作有哪些？

答：企业开展全面质量管理必须具备一些基本条件、基本手段和基本制度，如标准化工作、计量理化工作、质量的情报工作、质量教育工作及质量责任制等都属于质量管理的基础。

（1）标准和标准化是进行全面质量管理的依据和基础，它们具有一致为用户服务的目的和指导原则，全面质量管理始于标准终于标准，具有共同的工作循环。

（2）计量理化的工作包括测试、化验，分析等工作，是生产的耳目，是保证产品质量的重要手段。

（3）质量情报是质量管理的"神经系统"，全面质量管理全过程中的产品质量和工作质量靠质量情报加以反映。

（4）质量教育工作，包括对全体职工加强教育，使之牢固树立质量第一观念，为用户服务的思想，提高员工认识自觉参与质量管理的基本制度和管理基础。

（5）质量责任制，是质量管理的基本制度和基础，是组织、保证生产正常进行，确保产品质量和工作质量的基本条件，它把质量管理和各项要求，落实到各个部门和工作岗位，以上各项工作彼此关联，组成质量管理基础工作体系，决定着质量管理以至企业管理水平。

Lb1F3024　试论直流耐压试验应注意的事项。

答：（1）整流电路不同，硅整流堆所受反向工作电压不尽相同，采用半波整流电路时，使用的反向工作电压不要超过硅整流堆的反向峰值电压的一半，不同设备的试验要注意整流管的极性。

（2）硅整流堆串联运用时应采取均压措施。如果没有采取均压措施，则应降低硅整流堆的使用电压。

（3）试验时升压可分 5 个阶段均匀升压，升压速度一般保持 $1 \sim 2kV/s$，每个阶段停留 1min，并读取泄漏电流值。

（4）所有试验用器具及接线应放置稳固，并保证有足够的绝缘安全距离。

（5）电缆直流耐压试验后进行放电：通常先让电缆通过自身绝缘电阻放电，然后通过 $80k\Omega/1kV$ 左右的电阻放电，不得使用树枝放电。最后再直接接地放电。当电缆线路较长，试验电压较高时，可以采用几根水电阻串联放电。放电棒端部要渐渐接近微安表的金属扎线，反复放电几次，待不再有火花产生时，再用连接有接地线的放电棒直接接地。

（6）泄漏电流只能用做判断绝缘情况的参考：电缆泄漏电流具有下列情况之一者，说明电缆绝缘有缺陷，应找出缺陷部位，并进行处理。

1）泄漏电流很不稳定；

2）泄漏电流随时间有上升现象；

3）泄漏电流随试验电压升高急剧上升。

Lb1F4025　电缆发生金属性接地故障时如何定点？

答：电缆发生金属性接地故障时，接地电阻很低，一般约为几欧姆或几十欧姆，如用声侧法定点，故障点放电不明显甚至没有放电，往往听不到发电声，在这种情况下可以采取以下特殊的定点方法。

（1）局部过热法。将初测故障点前后的一段电缆挖掘出来，使电缆裸露，再对电缆进行声测放电或对电缆导体通以大电流，这样故障点会因为通过电流而产生发热，用手触摸电缆，温度高于其他部位的地方即为电缆故障点。

（2）偏心磁场法。此法适用于金属性单相接地故障的定点。从故障相导体输入音频电流，到达电缆故障点后进入金属护套并沿护套向两侧终端流去，此时整条电缆都有音频信号电流。但是在电缆故障点前电缆周围的磁场是由电缆导体和金属护套的回路电流产生的，由于三相电缆的一相总是偏离电缆中心轴线的，所以由它产生的磁场也偏离中心轴线。我们称此磁场为偏心磁场。将接受线圈绕电缆圆周旋转一周，线圈中接收到的磁场信号将有强弱变化；而在故障点后，只有金属护套内流过均匀分布的信号电流，而电缆导体因无回路而没有信号电流流过，所以当接收线圈绕电缆圆周旋转一周时，线圈中接收到的磁场信号也没有强弱变化。据此即可以判断电缆故障点的位置。

（3）跨步电位法。在故障电缆的导体和金属护套之间接上可以调节电流大小的直流电源，使故障相的导体对金属护套之间流过一定量的直流电流（大约10A左右）此电流一部分通过故障点流入大地，另一部分沿金属护套向两个终端流去，所以故障点两侧跨步电位的极性是相反的。先在近终端金属护套约50cm距离的两点用检流计测量跨步电位，认准测试棒正、负次序和仪表指针偏转方向并做好记录，然后在初测故障点附近（已经挖出或暴露的电缆）选择间距约50cm的两点，撬开一小块铠装，用检流计测量金属护套上的跨步电位。如果和终端处测出的跨步电位方向一致，则故障点还靠近另一端；如果相反，则已经超过故障点。如此反复直至找出跨步电位极性开始反转的临界点即是电缆故障点。

Lb1F4026　单芯电缆护层感应电压是怎样产生的？对电缆有什么影响？应如何处理？

答：（1）单芯电缆在三相交流电网中运行时，导体电流产生的一部分磁通与金属护套相连，这部分磁通使金属护套产生感应电压。

（2）感应电压的数值与电缆排列中心距离和金属护套平均半径之比的对数成正比，并且与导体负荷电流、频率以及电缆的长度成正比。在等边三角形排列的线路中，三相感应电压相等；在水平排列线路中，边相的感应电压较中相感应电压为高。

（3）单芯电缆金属护套如采取两端接地后，金属护套感应电压会在金属护套中产生循环电流，此电流大小与电缆间距等因素有关，基本上与导体电流处在一个数量级。

（4）在金属护套内造成护套损耗发热，将降低电缆的输送容量约 30%～40%。

（5）根据 GB 50217《电力工程电缆设计规程》要求，单芯电缆线路的金属护套只有一点接地时，金属护套任一点的感应电压不应超过 50V，采取能有效防止人员任意接触的安全措施时不得大于 300V，并应对地绝缘。

（6）如果大于此规定电压时，应采取金属护套分段绝缘或绝缘后连接成交叉互联的接线。

（7）为了减小单芯电缆线路对邻近辅助电缆及通信电缆的感应电压，应采用交叉互联接线。

（8）对于电缆长度不长的情况下，可采用单点接地的方式。为了保护电缆护层绝缘，在不接地的一端加装护层保护器。

Lc5F3027　对电力系统的基本要求是什么？

答：由于供电的中断将使生产停顿、生活混乱，甚至危及人身和设备安全，后果十分严重，无法用物质和资金来弥补，也就是说电力事故是一大灾害，因此，电力系统运行首先要满足安全发供电要求，为了保证为用户提供电能，电力系统的运行必须满足以下基本要求：

（1）必须满足用户的最大要求：第一类负荷，如供电中断会造成人员生命危险，造成国民经济的严重损失，此类负荷要求不能间断供电；第二类负荷，如供电中断将造成大量减产，使大中城市人民生活受到严重影响，对这类负荷应尽可能保证供电；第三类除第一、二类负荷以外的负荷均属第三类负荷，如工厂的非连续性生产或辅助车间、城镇和农村等负荷。因此，电力系统的值班人员应认真分析负荷的重要程度，制定和采取相对应的事故拉闸顺序。

（2）保证供电的可靠性。

（3）保证电能质量。

（4）保证电力系统运行的经济性。

（5）保证运行人员和设备安全。

Lc4F3028　为什么在1000V以下的同一配电系统中，不允许同时采用接地和接零两种保护方式？

答：在由同一电源供电的低压配电网中，只能采用一种保护方式，不可以对一部分电气设备采用保护接地、对另一部分电气设备又采用保护接地方式的电气装置，当该装置一相发生绝缘损坏碰壳时，接地电流受接地电阻的限制，使保护装置动作失灵，故障不能切除。同时，此接地电流流回电源的中性点时在电源接地电阻产生电压降，从而使零线电位升高，导致所有采用接零保护设备的外壳都带有危险电压，严重威胁人身安全。所以在同一低压供电系统中，应采用一种保护方式，不允许一部分电气设备采用接地保护，而另一部分电气设备采用接零保护。

Lc3F3029　为什么要填用工作票？怎样正确填用和执行工作票？

答：在电气设备上工作，必须得到许可或按命令进行。工作票就是准许在电气设备上工作的书面命令，通过工作票可明确安全职责，履行工作许可、工作间断、转移和终结手续以及作为完成其他安全措施的书面依据，因此，除一些特定的工作外，凡在电气设备上进行工作的，均须填用工作票。

在填写工作票时，应根据系统情况和工作内容，认真考虑安全措施，在拟定安全措施时，必须认真核对系统模拟图板或系统图，认真了解当时系统实际运行方式或接线方式，必要时还应至现场进行察看，核实情况。工作许可人应认真对工作票上所写明的安全措施进行审核，审核无误后则应根据工作票的要求，认真做好安全措施。工作负责人必须熟悉工作的内容，并向全体工作人员传达和交底，工作班组人员必须按工作票规定的地点进行工作。并在工作中始终严格执行有关安全措施和注意事项。工作票必须由专人签发，应一式二份。

Lc2F3030　论述节约用电的意义及节约用电工作的主要方法和途径？

答：电力资源是进行生产建设的主要能源，在发展生产的同时，必须注意能源的节约。其意义在于：

（1）节约用电可降低生产成本又可把节约的电能用于扩大再生产，加速我国的现代化建设。

（2）对电力系统来说，由于节约用电也会降低线损，改善电能质量，对用户和电力系统都是有益的。

节约用电工作的主要方法包括大力宣传节电意义；建立科学的定额管理制度；开展群众性的节电活动；利用经济手段推动节电工作；推广行之有效的节电技术措施和组织措施。主要途径有采用新技术、新材料、新工艺；改造老旧耗能高的设备；减少传动摩擦损耗加强设备检修，使之处于最佳状态。

Lc1F3031　如何确定运行中电力电缆的故障性质？

答：电缆绝缘长期在电压、电流作用下工作，要受到伴随电流、电压作用而来的化学、热及机械作用，从而使绝缘受潮、老化变质、过热和受机械损伤、腐蚀等破坏作用，此外电缆还会由于材料缺陷，设计和制造工艺上的问题以及遭受到大气过电压和内部过电压的作用而引起故障，按造成故障的特点可分为以下几类：接地或短路故障，按故障点电阻的高低（以 100Ω 为界）又分为低阻接地和高阻接地故障，对于接地或短路故障表现为单相接地、两相或三相接地或短路、断线故障、断线并接地的故障，还可分为闪络性故障及封闭性故障。这两种故障大多数是在预防性试验时发生的，多出现于电缆的中间或终端头内，特别是封闭性故障多发生在电缆头内。当在某一试验电压下绝缘被击穿，然后又恢复，有时连续击穿，有时隔数秒或数分钟后再击穿，这样的故障称为闪络性故障。当击穿发生后，待绝缘恢复，击穿现象便安全停止的这类故障称为封闭性故障。所谓确定故障的性质就是指确定故障电阻是高阻还是低阻，是闪络性还是封闭性故障，是接地短路断线还是同时混合发生，是单相还是多相故障。在确定故障性质时，需要进行绝缘电阻测量和"导通试验"，测量绝缘电阻时，用绝缘电阻表（1kV 以下电缆用 1000V 的绝缘电阻表，1kV 及以上电缆用 2500V 绝缘电阻表）来测量电缆芯之间和导体对地的绝缘电阻，进行"导通试验"时，将电缆的末端三相短路，用万用表在电缆的首端测导体之间的电阻。然后根据测试结果，综合判断故障的性质，有时为了弄清故障点的损坏程度还要进行直流耐压试验。

Lc1F3032　室内对装设接地线的位置有哪些要求？

答：（1）在停电设备与可能送电至停电设备的带电设备之间，或可能产生感应电压的停电设备上都要装设接地线，接地线与带电部分的距离应符合安全距离的要求，防止因摆动发生带电部分与接地线放电的事故。

（2）检修母线时，应根据母线的长短和有无感应电压的实际情况确定接地线数量，在检修 10m 以下母线可只装设一组接地线；在门型架构的线路侧检修，如果工作地点与所装设接地线的距离小于 10m，则虽然工作地点在接地线外侧，也不再另外装设接地线。

（3）若检修设备分为几个电气上不相连接的部分（如分段母线的隔离开关或断路器分段），则各部分均应装设接地线。

（4）所有电气设备均应有与接地网的连接点，且有接地标志，作为装设接地线之用。

Jd4F3033　电缆工必须掌握的初步起重运输知识有哪些？滚动电缆盘时对电缆盘滚动方向做何规定？

答：电缆工必须掌握的初步起重运输工作如下：

（1）人力搬动重物时，必须同时起立和放下，互相配合，以防损伤，上斜坡时，后面的人员身高应比前面的人员高，下坡时反之；

（2）滚动电缆盘时，应有一人统一指挥和会使用控制棒的人员控制方向；

（3）懂得常用起重工具的工作原理和使用要领，电缆盘在滚动时，其滚动方向必须按顺着电缆的缠绕方向滚动，这样滚动电缆盘时，电缆应会越滚越紧，电缆就不会在滚动时被松下，脱落伤人或损坏电缆。

Jd4F3034　锉削时常发生的问题有哪些？其原因是什么？

答：常发生的问题有：

（1）平面中间凸起、塌边、塌角；

（2）圆弧部分不圆；

（3）把工件尺寸锉小；

（4）锉掉了不应锉的部分；

（5）表面不光洁。

造成上述第（1）、（2）项的主要原因是工作者不熟练，其次是锉刀形状不正确；造成第（3）项的原因是，没有及时检查加工余量和工件尺寸，以及操作不仔细；造成第（4）项的原因是互相垂直，有的两面只准锉削一面，采取的措施是选用有光边的锉刀；造成第（5）项的原因是圆锉屑卡在锉齿中或所选的锉刀太粗。

Jd3F3035　焊缝中的气孔是怎样形成的？

答：焊缝中气孔的形成经过了气体的吸收、气体的析出、气泡的成长、气泡的上浮过程共四个过程，最后形成气孔。在焊接过程中，熔池周围充满各种气体，如焊件的铁锈、油漆、油脂受热后产生的气体等，这些气体的分子在电弧高温作用下很快被分解为原子状态，并被金属熔滴所吸收，不断地向液体熔池内部扩散和熔解。气体的析出是指气体从液体金属内析出形成气泡，由于溶池温度的不断降低，析出气体不断被凝固的晶粒所吸附，气泡内部压力大于阻碍气泡长大的外界压力，使气泡不长大。在气泡形成之后，又经过一个短暂的长大过程，当气泡长大到一定的尺寸时，开始脱离结晶表面的吸附而上浮。

Jd2F3036　怎样阅读原理接线图、屏开图和安装图？

答：（1）阅读原理接线图的顺序，是从一次接线开始，查看电流、电压的来源，从电流互感器和电压互感器的二次侧，分析当一次系统发生故障时,二次系统各设备的相互动作关系，直至使断路器跳闸及发出信号为止。

（2）阅读展开图的顺序为：

1）先读交流电路，后读直流电路再信号回路；

2）直流电路的流通方向是从左到右；

3）元件的动作是从上到下，从左到右。

（3）阅读安装接线图（又称屏背面接线图）时可按照端子

排和仪表、继电器等设备的端子编号查找回路接线情况，屏背面接线图是按照相对编号法来编号，即甲中有乙、乙中有甲的原则编号。

Jd2F3037 为什么主变压器在正式运行前要做冲击试验？冲击几次？

答：变压器正式投入前做冲击试验的理由如下：

（1）断开空载变压器时，有可能产生操作过电压，在电力系统中性点不接地或经消弧线圈接地时，过电压幅值可达 4.0～4.5 倍相电压；在中性点直接接地时，可达 3 倍相电压。为了检查变压器绝缘强度能否承受全电压或操作过电压，需做冲击试验。

（2）带电投入空载变压器时，会产生励磁涌流，其值可达 6～8 倍额定电流。励磁涌流衰减较快，一般经 0.5～1s 后可减到 0.25～0.5 倍额定电流，但全部衰减时间较长，大容量变压器可达几十秒。由于励磁涌流产生很大的电动力，为了考核变压器的机械强度，同时考核励磁涌流初期能否造成继电保护误动，需做冲击试验。

变压器的冲击合闸试验一般应在高压侧加额定电压下进行，大型变压器冲击合闸试验应做 5 次，每次试验后应检查变压器有无异常。

Je5F3038 主厂房内敷设电缆时一般应注意什么？

答：在主厂房内敷设电缆时一般应注意：

（1）凡引至集控室的控制电缆宜架空敷设；

（2）6kV 电缆宜用隧道或排管敷设，地下水位高处亦可架空或用排管敷设；

（3）380V 电缆当两端电缆在零米时宜用隧道、沟或排管，当一端设备在上、一端在下时，可部分架空敷设，当地下水位较高时，宜架空。

Je5F3039　试述吊钩安全检查的内容。

答：（1）吊钩不得裂纹；

（2）危险断面磨损达原厚度的 10%应报废；

（3）扭转变形不得超过 10%；

（4）危险断面或吊钩颈部不得产生塑性变形；

（5）板钩应检查衬套、销、小孔、耳环以及其他紧固件的磨损情况，表面不得有裂纹和变形，衬套磨损超过原厚度的 50%，轴磨损超过原直径的 5%时应更新；

（6）吊钩不得补焊；

（7）吊钩上应有防脱钩装置。

Je4F3040　对电缆终端头及中间头制作有哪些基本要求？

答：电缆终端头和中间接头，一般说来，是整个电缆线路的薄弱环节。根据我国各地电缆事故统计，约有 70%的事故发生在终端头和中间接头上。由此可见，确保电缆接头的质量，对电缆线路安全运行意义很大。对电缆接头的制作的基本要求，大致可归纳为下列几点：

（1）导体连接良好。对于终端头，要求电缆导体和出线接头、出线鼻子有良好的连接。对于中间接头，则要求电缆导体与连接管之间有良好的连接。所谓良好的连接，主要指接触电阻小而稳定，即运行中接头电阻不大于电缆导体本身电阻的 1.2 倍。

（2）绝缘可靠。要有满足电缆线路在各种状态下长期安全运行的绝缘结构，并有一定的裕度。

（3）密封良好。可靠的绝缘要有可靠的密封来保证。一方面要使环境的水分及导电介质不侵入绝缘，另一方面要使绝缘剂不致流失。这就要求有充好的密封。

（4）足够的机械强度，能适应各种运行条件。

除了上述 4 项基本要求之外，还要尽可能考虑到结构简单、体积小、材料省、安装维修简便；以及兼顾到造型美观。

Je3F3041　试论XLPE绝缘电缆半导电屏蔽层抑制树枝生长和热屏障的作用。

答：当导体表面金属毛刺直接刺入绝缘层时，或者在绝缘层内部存在杂质颗粒、水汽、气隙时，这些将引起尖端产生高电场、场致发射而引发树枝。对于金属表面毛刺，半导电屏蔽将有效地减弱毛刺附近的场强，减少场致发射，从而提高耐电树枝放电特性。若在半导电屏蔽料中加入能捕捉水分的物质，就能有效地阻挡由导体引入的水分进入绝缘层，从而防止绝缘中产生水树枝。半导电屏蔽层有一定热阻，当导体温度瞬时升高时，电缆有了半导电屏蔽层有一定热阻，当导体温度瞬时升高时，电缆有了 半导屏蔽层的热阻，高温不会立即冲击到绝缘层，通过热阻的分温作用，使绝缘层上的温升下降。

Je3F3042　为什么交联聚乙烯等挤包绝缘电缆不宜做直流耐压试验？

答：（1）交联聚乙烯等挤包绝缘电缆的缺陷在直流电压下不容易被发现。由于直流电压下的电场强度按介质的体积电阻率分布，交联聚乙烯等挤包绝缘电缆的介质属于整体式结构，绝缘内部的水分、杂质分散而且分布不均匀，介质内部不易形成贯穿性通道。而且，直流耐压试验时会有电子注入聚合物中使介质内部形成空间电荷，使该处电场畸变，电场强度降低，使交联聚乙烯绝缘在直流电压下具有角高的放电起始电压和角慢的放电通道增长速度，使绝缘不易击穿、缺陷不易发现。

（2）交联聚乙烯绝缘电缆在直流耐压试验时不但不能有效发现绝缘缺陷，而且因为直流耐压试验造成了绝缘的损伤。水树枝老化在交流电场下发展非常缓慢，电缆在很长时间里能保持较高的耐电水平，但是在直流试验电压下，交联聚乙烯电缆绝缘层中的水树枝会转变成为电树枝放电,从而加速绝缘老化,造成绝缘损伤以至重新投入运行后发生绝缘击穿事故。如果不进行直流耐压试验，却能维持较长时期的正常运行。

（3）对于高电压的交联聚乙烯绝缘电缆，直流耐压试验不能反映整条线路的绝缘水平。在直流电压下，由于温度和电场强度的变化，交联聚乙烯绝缘层的电阻系数会随之发生变化，绝缘层各处电场强度的分布因温度不同而各异，在同样厚度下的绝缘层，因为温度升高而击穿水平降低，这种现象还与绝缘层厚度有关，厚度越大这种现象越严重。由于高压交联聚乙烯电缆绝缘层厚，因此，对交联聚乙烯电缆特别是高电压交联聚乙烯绝缘电缆不易做直流耐压试验。

Je4F3043　怎样选择封铅的配制比？

答：封铅，它是一种合金，目前有多种配制方法，最简单和常用的配制为纯铅锡的合金，因为它们的熔点较低（铅327℃、锡232℃），故是一种良好的密封焊料，其铅锡的质量比为65%比35%，采用这种比例是因为用封铅法密封时，需要在封铅的半圆体（糊状）状态下才能进行工艺操作，而从铅锡合金经实验研究得出的平衡可以看出，在此比例时，在185～250℃为半圆体状的温度范围较大，且可塑性最好，这样就有利于密封的工艺操作和密封后的质量提高。

Je4F3044　如何测量电缆的泄漏电流？通过泄漏电流如何判断电缆绝缘是否有故障？在什么情况下，泄漏电流的不平衡系数可以不计？

答：电缆的泄漏电流测量是通过电缆的直流耐压试验得到的。在做导体对外皮及导体间耐压试验时，对于三芯电缆应对一相加压，其他两相连同外皮一齐接地；对于单芯电缆应使外皮接地。试验时试验电压应分为4～6个阶段均匀升压，每段停留1min，记读泄漏电流值。耐压试验电压及时间根据电缆按验收规范标准执行。

当发生的泄漏电流很不稳定，泄漏电流随试验电压升高急剧上升，泄漏电流随试验时间延长而上升时，可判断电缆绝缘不良。当 10kV 以上电缆的泄漏电流小于 20μA 和 6kV 以下电缆的泄漏电流小于 10μA 时，其不平衡系数不作规定。

Je3F3045　为什么交叉互联的电缆线路不必再装设回流线？

答：电缆金属护套采用交叉互联方式，护套上的环行电流非常小，可以将金属护套上的感应电压限制在规定的 50V 以内。当线路发生单相接地故障时，接地电流不通过大地，此时金属护套相当于回流线，每根护套上将通过 1/3 的接地电流，每小段护套上的对地电压很小，相当于一端接地线路装设回线的 1/3，同时，电缆线路邻近的辅助电缆的感应电压也较小，因此，交叉互联的电缆线路不必再设回流线，目前，采用电缆供电的较长线路大多采用这种接线方式。

Je3F3046　电力电缆寻找故障点时，一般需先烧穿故障点，烧穿时采用交流有效还是直流有效？

答：运行中的电缆常出现高阻接地，当缺乏探测仪器时，一般先将高阻故障烧穿变为低阻故障，以利于用电桥法寻找电缆的故障点。若施加交流，因电缆的电容量大，设备的容量也要较大，另外，交流电压过零易于熄弧，故烧穿效果较差，若加以直流，只要通过足够的电流就可以烧穿故障点。另外，因电缆电容在直流电压作用下，不产生电容电流，设备的容量可较小。

Je3F3047　敷设电缆的前期准备工作包括哪些方面？

答：（1）根据设计提供的图纸，熟悉掌握各个环节，首先审核电缆排列断面图是否有交叉，走向是否合理，在电缆支架上排列出每根电缆的位置，为敷设电缆时作为依据；

（2）为避免浪费，收集电缆到货情况，核实实际长度与设计长度是否合适，并测试绝缘是否合格，选择登记，在电缆盘上编号，使电缆敷设人员达到心中有数，忙而不乱，文明施工；

（3）制作临时电缆牌依据电缆清册长度及断面设置数量加工备足；

（4）工具与材料的准备根据需要配备；

（5）沿敷设路径安装充足的安全照明，在不便施工处搭设脚手架；

（6）根据电缆敷设次序表规定的盘号，电缆应运到施工方便的地点；

（7）检查电缆沟、支架是否齐全、牢固，油漆是否符合要求，电缆管是否畅通，并已准备串入牵引线，清除敷设路径上的垃圾和障碍；

（8）在电缆隧道、沟道、竖井上下、电缆夹层及转变处、十字交叉处都应绘出断面图，并准备好电缆牌、扎带；

（9）根据图纸清册和次序表交给施工负责人便于熟悉路径，在重要转弯处，安排有经验人员把关，准备好通信用具及联络用语；

（10）在扩建工程中若涉及进入带电区域时，应事先与有关部门联系办理安全作业票。

Je2F3048 怎样用声测法寻找电力电缆故障点的准确位置？

答：声测法灵敏可靠，较为常用，除接地电阻特别低（小于 50Ω）的接地故障外，都能适用，至于金属性接地故障不能使用声测法进行测量，可采用其他方法。声测法是利用直流高压试验设备向电容器充电、当粗测了电缆故障点到测试端的距离之后，在故障电缆的一端加上冲击高压，使故障放电，然后沿已知故障电缆的路径，在粗测范围内，用定点仪（声波接收器）的压电晶体探头接收故障点的放电声波，并将此声波在接收器中放大，当耳机中听到声响最大时，探头所处的地面位置，即为对产于电缆故障点的准确位置。

Je2F3049　什么是绝缘监视装置？怎样用电压互感器来实现绝缘的监视？

答：在中性点不接地系统中，任何一相发生接地故障都会出现零序电压。利用零序电压来产生信号，实现对接地故障的监视，称为绝缘监视装置。

用于绝缘监视的三相五柱式电压互感器的接线方式为 $Y_0/Y_0/\triangle$，即一次绕组为星形，与系统相连，为实现绝缘监视，一次绕组的中性点必须接地，二次侧的基本绕组接成星形，中性点应接地，接三只电压表用以测量各相对地电压；辅助绕组接成开口三角形，过电压继电器接在开口三角形的开口处，用以反应系统的零序电压，并接通信号回路。

正常运行时，系统三相电压对称，无零序电压，过电压继电器不动作，三块电压表读数相等，分别指示各自的相电压；当系统发生单相接地故障时，接地相对地电压为零，非故障相电压升高到线电压，系统各处都会出现零序电压，因此开口三角有零序电压输出，使继电器动作并启动信号继电器发信号，达到监视绝缘的作用。

Je2F3050　怎样根据施工图提出班组各工序的工作量、用工定额计划，材料定额计划、班组预算及班组核算？

答：根据施工图纸和班组承担的任务，计算出各道工序的实际的工作量，将实际工作量乘上系数，套上班组定额计划定出整个工程的用工定额，材料定额计划依照施工图提出装置性材料和消耗性材料的使用量，班组预算应根据班组的工程量、装置性材料和消耗性材料用量套入人工费、机械费、消耗材料费、装置性材料费、管理费，按班组定额编制，班组核算按实际发生的费用与班组施工预算比较来进行考核。

Je2F3051 简述火力发电厂的汽水系统。

答：给水由给水泵打入省煤器后逐渐吸热，温度升高，到汽包后，在汽包经降水管到水冷壁下联箱，在水冷壁内受热变为饱和蒸汽重新回到汽包，经汽水分离，饱和蒸汽引入过热器逐渐吸热到具有额定参数的过热蒸汽，然后送往汽轮机，过热蒸汽在汽轮机高压缸中膨胀做功后，气压、气温均下降，在高压缸出口由导管将蒸汽引入锅炉再热器，第二次吸热成为高温再热蒸汽，然后再送往汽轮机中低压缸中继续膨胀做功，后经凝结器凝结成水，被凝结泵送到除氧器被来自汽轮机的抽汽加热，并除去所含气体，最后被给水泵送入锅炉再重复参加上述循环过程。

Je2F3052 试述在中性点经消弧线圈接地系统中消弧线圈的作用，在使用时应注意什么？

答：消弧线圈是一个具有铁芯的可调电感线圈，它装在系统中发电机或变压器的中性点与大地之间。当发生单相接地故障时，可形成一个与接地电容电流的大小接近相等但方向相反的电感电流，对接地电流起补偿作用，使接地处的电流变得很小或等于零，从而消除接地处的电弧以及由它所产生的危害。在使用时应注意补偿时应采用过补偿以防止产生谐振。

Je1F3053 电缆线路安装前的土建工作应具备哪些条件？电缆线路安装后投入运行前，土建完成哪些工作？

答：电缆线路安装前土建工作应具备的条件有：

（1）预埋件符合设计要求，安置牢固；

（2）电缆沟、隧道、竖井及人孔等处的地及抹面工作结束，电缆排水畅通；

（3）电缆夹层、电缆沟、隧道、竖井等处的施工临时设施、模板及建废料等清理干净，施工用道路畅通，盖板准备齐全；

（4）电缆敷设后不能再进行的施工工作应结束。

电缆线路安装后投入运行前，土建应完成的工作有：

（1）由于预埋件补遗、开、扩孔等需要而造成的土建修饰工作；

（2）电缆室的门窗齐备；

（3）防水隔墙要完整。

Je1F3054　整套启动时，发电机启动试验准备工作和试验项目有哪些？

答：整套启动时发电机启动试验程序有：

（1）编制整套启动电气试验方案，提交启动委员会审定并组织执行。

（2）向电力调度部门、生产单位、施工单位和参与启动试验的全体人员进行电气启动试验方案的全面交底。

（3）调试人员启动试验的分工，组织力量对电气一次系统和二次回路进行全面检查，积极准备好试验所需的一切设备、材料和保安措施。

（4）启动试验，主要包括下列内容：

1）不同转速（包括超速后）不测量发电机转子绕组绝缘电阻及发电机转子绕组的交流阻抗，功率损耗；

2）额定转速下，主励及副励磁机的空载特性；

3）发电机短路状态下，检查各组互感器变比、二次负荷、电流表指示的正确性及保护整定值、发电机短路特性、工作励磁机及备用励磁机的相互切换试验；

4）额定转速下的发电机空载试验，包括零起升压后检查各组电压互感器二次电压值、相序及仪表指示情况，检查保护动作和返回值，录取发电机空载特性，对定子有匝间绝缘要求时，进行匝间绝缘耐压试验，测定发电机空载消磁时间常数及录取灭磁时转子过电压波形，同时测量灭磁后发电机定子残压及相序，励磁调节装置空载时的各项试验；

5）同期并列；

6）机组并网后电气试验包括：① 带一定负荷后，测电流回路电流相位及差动保护等回路的不平衡电压；② 不同负荷下轴电压的测量，并录波；③ 用备用电源倒至工作电源；④ 励磁自动调节系统带负荷试验；⑤ 配合机甩负荷试验时记录与自动励磁调节器有关的电气量的变化；⑥ 参加 168（72）h 试运。

Je1F3055 什么是电缆线路的化学腐蚀？什么是电缆线路的电解腐蚀？如何防止？

答：（1）电缆的化学腐蚀是电缆线路受环境化学成分的影响，使电缆的金属护套遭到破坏或交联聚乙烯绝缘电缆产生化学树枝的现象。

（2）电缆的电解腐蚀是电缆线路因长期受环境直流杂散电流的影响，其外导电层（金属护套、金属加强层等）逐渐受到侵蚀破坏的现象。

（3）采用预防措施有：

1）防化学腐蚀：① 设计电缆线路时，收集路径土壤 pH 值资料分析（应达到 6＜pH＜8），当土壤 pH＜6 或 pH＞8 时，应采取措施。② 要求制造厂，用在电缆金属护套外的护层本身不带有腐蚀电缆金属护套的物质。③ 在已经运行的电缆线路上，对有化学物品堆积的地区要随时了解土壤对电缆的腐蚀程度，重视电缆线路故障后的原因分析。

2）防电解腐蚀：① 提高电压或地铁轨线与大地间的接触电阻。② 加强电缆外护层与杂散电流间的绝缘。③ 远离电气化铁轨或在电缆外加装绝缘遮蔽管。④ 设置强制排流、极性排流设备，设置阴极站等。

Je1F3056 论述电缆防火阻燃应采取的措施。

答：（1）在电缆穿过竖井、墙壁、楼板或进入电气盘、柜的孔洞处，有防火堵料密实封堵。

（2）在重要电缆沟和隧道中，按要求分段或用软质耐火材料设置阻火墙。

（3）对重要回路的电缆，可单独敷设于专门的沟道中或耐火封闭槽盒内，或对其施加防火涂料、防火包带。

（4）在电力电缆接头两侧及相邻电缆 2～3m 长的区段施加防火涂料或防火包带。

（5）采用耐火或阻燃型电缆。

（6）设置报警和灭火装置。

（7）防火重点部位的出入口，应按设计要求设置防火门或防火卷帘。

（8）改、扩建工程施工中，对于贯穿已运行的电缆孔洞、阻火墙，应及时恢复封堵。

Je1F3057　水底电缆线路路径的选择有什么特殊要求？（内河、江河、海峡）

答：（1）掌握有关的资料：水文、河床地形及其变迁、地质组成、地层结构、水下障碍物、堤岸工程结构和范围、通航方式及密度、附近已埋设的水底电缆位置等资料。

（2）进行现场勘察：采用仪器了解和掌握河床实际组成结构，便于选择理想的路径。

（3）线路选择在稳定的地段，防止机械损伤、防止化学腐蚀。

（4）登陆点应选在水浅、缓流、便于船只登滩的岸线凹入有淤积的地区。

（5）减少投资，结合陆地上线路选择最短、较直的路径。

（6）跨越水域的电缆的要求有条件的应整条电缆，避免现场制作中间接头。

Je1F3058　电缆土建施工完毕，工程交接验收时应进行哪些检查？

答：电缆施工开工前，应检查土建部门施工的项目有：

（1）全部沟道、隧道、竖井、设备、基础及电缆夹层均应施工完毕，并符合设计要求，预埋件必须完整、牢固，排水系统应齐全，照明装置亦应齐全；

（2）沟道、隧道及电缆夹层清洁，不得有积水、漏水处；

（3）无用的孔洞应堵塞好。

Je1F3059　试述超高压电缆敷设前应采取哪些组织技术措施？

答：超高压电缆线路的敷设是一项十分复杂的工作，由于超高压电缆体积大、重量重、结构复杂，因此其施工中的技术要求比普通中、低压电缆要更加严格，超高压电缆敷设过程中必须制定详细的施工技术组织措施，以确保敷设过程的万无一失。超高压电缆敷设前的组织技术措施一般分为：

（1）敷设前的准备。

（2）电缆敷设。

（3）超高压电缆敷设的特殊技术要求，具体如下：① 根据工程情况合理组织施工人员，这些人员包括工程项目负责人、技术负责人、安全负责人、质量负责人，此外还有施工人员、现场负责人、现场工具、材料管理员等，在工程开工前必须明确到人；② 办好开工的施工依据，施工依据是工程施工的许可证，必须在开工前后准备好，施工中保存好，作为将来工程竣工资料的一个内容；③ 制订施工计划；④ 编写作业指导书；⑤ 敷设机具就位；⑥ 电缆盘就位；⑦ 施工场地布置，通信设施的配置，关键部位人员的安排等；⑧ 对外护层的特殊要求；⑨ 高落差敷设的特殊要求；⑩ 对牵引力、侧压力及弯曲半径的特殊要求；⑪ 对电缆保护的特殊要求等。

Je1F3060　0.1Hz超低频交流耐压试验的优点？

答：由于直流耐压试验不容易发现交联聚乙烯绝缘电缆线路缺陷，且该试验对交联聚乙烯绝缘具有一定损伤，而工频交流试验由于试验设备容量大而不适合现场试验的要求，0.1Hz超低频（VLF）交流耐压试验由于工作频率仅为工频的 1/500，根据无功功率的计算公式 $Q=2\pi fCU^2$，理论上容量可以比工频交流试验的降低 500 倍（除去设备结构等其他因素，实际容量可下降 50～100 倍），所以 0.1Hz 超低频交流耐压的试验设备的容量远比工频交流耐压的试验设备小，它克服了直流耐试验和工频交流试验的缺点，因而得到广泛的重视。

0.1Hz 正弦波电压对交联聚乙烯绝缘水树枝具有比较适中的局放起始值和较快的局放通道（电树枝）增长速度，能在比较低的电压水平下将绝缘内已经存在的不均匀导电性缺陷比较快的转变为贯穿性绝缘击穿，检测出绝缘隐形缺陷，而且 0.1Hz 正弦波电压下，而以对电缆线路的绝缘进行介质损失因数测量，在一定程度上获得交联聚乙烯绝缘电缆线路老化程度的信息，确保电缆线路的可靠运行。0.1Hz 超低频交流耐压试验还能应用于油纸绝缘电缆线路，因此推荐应用于油纸—交联混合型的电缆线路上的绝缘试验。

0.1Hz 超低频交流耐试验具有以下优点：

（1）不会在交联聚乙烯电缆绝缘中产生空间电荷，避免了直流试验后在交流电压下发的绝缘损伤。

（2）试验设备容量较小，重量较轻，能满足现场工作的需要。

（3）同直流耐压试验相比，用 0.1Hz 超低频电压试验时，虽然局放的起始电压较低，但是具有较快的放电通道增长速度，对电缆绝缘不易产生新的损伤，但是能在较快的时间内，检查出电缆的绝缘缺陷。

（4）用 0.1Hz 超低频正弦电压试验时，可以和测量介质损判断电缆绝缘老化一起进行。

（5）0.1Hz 超低频试验用于油低绝缘电缆线路时，能和直流耐压试验一样，有效发现绝缘缺陷。

Je1F3061 如何理解质量管理工作（PDCA）循环方法？

答：质量管理工作循环是按照计划、执行、检查、总结四个阶段的顺序不断循环，进行质量管理的一种方法，具体如下：

（1）计划阶段。经过研究分析，确定质量管理目标、项目和拟定相应的措施。该阶段又含四个步骤：① 分析现状，找出存在的质量问题，并用数据说明；② 逐个分析影响质量的各种因素；③ 找出影响质量的主要因素；④ 拟定措施计划。

（2）执行阶段。根据预定目标和措施计划，落实执行部门和负责人，组织计划的实现。

（3）检查阶段。检查计划实施结果，衡量和考察取得的结果，找出问题。

（4）总结阶段。总结成功的经验和失败的教训，并纳入有关材料，在制度中规定，巩固成绩，防止问题再度出现，同时，将本次循环中遗留的问题提出来，以便转入下一循环去加以解决。归纳起来 PDCA 循环，总结经验纳入标准，提出这一循环尚未解决的问题，把它转到下一次 PDCA 循环中去。四个阶段周而复始地不断循环并不是停留在原水平上的，一个循环之后，要达到一个新水平，即为一个新台阶，从而使工作水平不断得到提高。

Jf5F3062 为什么要验电？验电时应注意哪些事项？

答：验电可验证停电设备是否确无电压，也是检验停电措施的制定和执行是否正确、完善的重要手段之一，认为已无电但实际却带电的情况还很多,很多意想不到的情况却可能发生，因此，必须用验电来确定设备确无电压，也就是说，在装设接地线前必须先行验电。

验电时应注意的事项有下列几项：

（1）验电必须采用电压等级合适且合格的验电器，用低于设备额定电压的验电器进行验电时对人身将产生危险，反之，用高于设备额定电压的验电器进行验电可能造成误判断，同样会对人身安全造成威胁；

（2）验电应分相逐相进行，对在断开位置的开关或隔离开关进行验电时，还应同时对两侧各相验电；

（3）当对停电的电缆线路进行验电时，如线路上未连接有能构成放电回路的三相负荷，由于电缆的电容量较大，剩余电荷较多，必须每隔几分钟放一次电，直至验电器无指示；

（4）35kV 以上的电气设备通常采用绝缘棒或零值绝缘子检测器进行验电；

（5）信号和表计等通常可能因失灵而错误指示，若指示有电，在未查明原因、排除异常的情况下，也应禁止在该设备上工作。

Jf4F3063　为什么说组织措施、技术措施是保证安全管理工作的基础？

答：分析触电事故可以知道，很多触电事故在现场有条件下是可以避免的，为了避免可以避免的事故，必须做大量的电气安全管理工作，其中包括技术工作和组织工作。造成触电事故的原因很多，一般来说，触电事故的共同原因是组织措施比技术措施更为重要。实践证明，即使有完善的技术措施，如没有相应的组织措施，事故还是可能发生的。组织措施与技术措施应是互相联系、互相配合的，没有组织措施，技术措施就得不到可靠的保证，没有技术措施，组织措施也只是不能解决问题的空文。因此，这两个措施是保证安全管理工作的基础。

Jf3F3064　如何做施工现场的安全管理工作？

答：电气安装工程，是施工综合性较强的施工生产过程，由于技术状况、场地条件、设备结构的不同，由于地方材料的差异、施工季节的变化等情况，生产的预见性、可控性较差，因此，施工现场的安全管理尤为重要。要搞好安全管理工作，各级领导和有关人员要各负其责，施工现场的安全管理工作要抓好以下几方面的工作：一管，即设专职安全员管安全；二定，即定安全生产制度，定安全技术措施；三检查，即定期检查安全措施执行情况，检查是否有违章现象；四不放过，即对麻痹思想不放过，对事故苗头不放过，对违章作业不放过。

Jf2F3065　网络计划有什么用途？为什么要编制网络计划？

答：网络计划技术是一种现代化的科学管理方法，运用网络技术可以把一项任务组成一个有机整体，并在错综复杂的生产活动中找出影响工程进度的关键所在，便于管理人员集中精力，集中有限资源投放生产过程的重要环节，从而能够以较少的时间去完成预定的任务，并且利用网络计划能更好地调配富裕时间，合理利用人力和资源，以降低工程费用，提高经济效益，其重点为缩短时间，即向关键路线要时间，节约资源，即向非关键工序要资源。另外，网络计划简明、直接，便于施工者掌握工序的轻重缓急，领导可借助网络图统观全局，抓关键工序，当情况发生变化时，能及早调整实施最佳方案，施工人员看网络图，能知道自己所担负的工作在全局中的地位，有利于发挥主观能动性，搞好协作配合。再者网络图富于逻辑性，它的编制过程，是对工程进行深入调查，认真分析研究的过程，有利于克服编制工作中的主观盲目性，避免工序的重复和遗漏，因此要认真编制好网络计划。

Jf2F3066　怎样编制超高压电缆敷设前的安全施工措施？

答：超高压电缆敷设前，必须建立以工程安全负责人为核心的安全管理和施工网络。安全网络中的人员可根据施工情况进行合理安排，网络的职责是制定和督促完成敷设施工中的各项安全要求及安全技术措施，并对施工全过程进行有效的安全监察。一般在施工前应组织做好以下一些工作：

（1）施工前安排足够的时间，召开站班会进行工作及安全交底，使每一个人都熟知当天的工作内容、技术要求和安全措施，明确各自的工作范围和职责，做到人人心中有数，确保工作万无一失。

（2）检查施工所用的工器具设备，保证其具备良好的工作状态，例如检查电缆放置地点、千斤顶支架的固定强度，各部分支撑附件及连接部件要逐一检查到位，确保电缆敷设时，线盘旋转顺畅。

（3）检查电缆敷设路径是否畅通，检查工井、隧道内敷设电缆时的通风措施，检查竖井、孔洞、桥架下脚手架搭设情况，必须检查合格后方可上人工作。

（4）敷设现场要做好防火措施，配足灭火器具和材料，夜间施工时还必须挂警告信号灯。

（5）敷设范围内如有其他运行电缆，则施工时还要切实做好邻近运行电缆的保护措施。

Jf1F3067　技术培训的原则是什么？有几种方式？

答：为了提高电力施工队伍的技术水平和管理水平，提高职工的整体素质，必须建立经常性的技术培训制度，技术培训工作应当从施工需要出发，干什么学什么，缺什么补什么，做到持之以恒。

技术培训可分为下列几种方式：

（1）新工人进厂的培训；

（2）大中专毕业生的实习培训；

（3）特殊工程的专业培训，持证上岗岗位培训，再学习的培训；

（4）干部、技术人员、工人的岗位练兵，短期学习班，定期轮训班；

（5）班（组）长和工地（队）专业人员的培训；

（6）提高专业人员专业水平的成人学历教育。

Jf1F3068　安全技术措施制订的重点有哪些？

答：在电缆施工的整个过程中，包括准备工作，敷设、接头制作和试验等都应根据工程的实际情况，制定相应的施工安全技术措施或技术标准，并在每一个施工环节之前进行交底，工程技术人员在编制安全施工技术措施前，必须明确指出该工程的主要危险点，注意事项以及有关技术数据或标准，同时要重点从以下几方面进行考虑：

（1）针对工程的结构特点可能给施工人员带来的危害，从技术上采取措施，消除危险。

（2）针对施工所选用的机械、工器具可能给施工人员带来的不安全因素，从技术上加以控制。

（3）针对所采用的有害人体健康或有爆炸、易燃危险的特殊材料的使用特点，从工具卫生的技术措施施工加以防护。

（4）针对施工场地及周围环境有可能给施工人员或他人以及材料、设备运输带来的危险，从技术上加以控制。

电缆施工安全技术措施需经部门技术主管批准，施工中由施工技术人员和安全员组织和监督实施。

技能操作试题

4.2.1 单项操作

行业：电力工程　　　　工种：电缆安装工　　　　等级：初

编　号	C05A001	行为领域	e	鉴定范围	1
考核时限	8h	题　型	A	题　分	30
试题正文	防火封堵施工				
需　要说明的问题和要求	1. 考察内容包括防火包、涂料、有机堵料、无机堵料的封堵措施，现场独立操作演示 2. 文明施工保持现场清洁卫生，保持带电距离，设专人监护 3. 具体每个封堵点的材料使用按设计要求 4. 工具准备齐后开始计时，超时 1min 扣 2 分				
工具、材料、设备场地	防火包，防火涂料，有机堵料，无机堵料，水，机油，稀释剂，手铲，毛刷，水桶，薄材板或模板，$\phi6$、$\phi8$、$\phi10$ 钢筋，细铁丝等，设计图纸				

	序号	项目名称	质量要求	满分	得分或扣分
评 分 标 准	1	材料器具选择准备	齐全、完备、良好	5	漏项扣 2 分；防火封堵材料选用不合格扣 5 分
	2	防火涂料施工	每个封堵点两侧至少 1m 内应涂刷防火涂料或按设计要求进行 涂料涂刷均匀，无花脸、漏点，厚度大于 1mm 或符合设计，一般涂刷 3～6 遍，每次涂刷应在上一遍涂刷干透后进行	5	每项不合格扣 3 分

	序号	项 目 名 称	质量要求	满分	得分或扣分
评 分 标 准	3	防火包施工	排列整齐一致，排列宽度大于 150mm 或符合设计，排列密实，对侧观察应不透光，用于竖井、孔洞及防火墙时，应用钢筋编成网状，做筋骨	5	每项不合格扣 2 分
	4	无机堵料施工	材料使用搅拌均匀，与水配比按说明进行，比例恰当，无硬化现象，灌注密实，表面处理平整光滑，无凹凸不平，灌注厚度符合设计	5	每项不合格扣 2 分
	5	有机堵料施工	有机堵料使用时，应配制柔软，配制方法正确，每个封堵点电缆四周应包填有机堵料，外径大于电缆外径 50mm 以上或符合设计要求，填充密实、均匀	5	每项不合格扣 2 分
	6	防火封堵综合施工	每个封堵点应封堵严密无漏点，隧道及道内的封堵点下部应留有排水孔，每个封堵点的材料应用应符合设计，每个封堵点均应包含有机堵料、涂料的应用	5	每项不合格扣 3 分

行业：电力工程　　　　　工种：电缆安装工　　　　　等级：初

编　号	C05A002	行为领域		d	鉴定范围	2
考核时限	5min	题　型		A	题　分	20

试题正文	铜铝设备线夹钻孔

需　要说明的问题和要求	1. 要求独立操作 2. 选择 240mm² 铜铝设备线夹一个 3. 钻孔时不可戴手套 4. 计时从备齐工具、材料进入工作台开始

工具、材料、设备场地	1. 电动钻床 1 台、 钻头 1 套、钻夹 1 个、钻头钥匙 1 把、斜铁 1 块、台钳 1 座、钢丝钳 1 把、平锉 1 把、毛刷 1 把、冷却水 1 碗 2. 场地照明充足，材料自备 240mm² 铜铝设备线夹 1 只

	序号	项目名称	质量要求	满分	得分或扣分
评分标准	1	工件夹持	牢固、但不得夹变形	2	夹持不稳或夹变形扣 2 分
	2	转速选择	转速要求不大于 750r/min	3	选择不正确扣 3 分
	3	钻头下压速度	钻头直径选择正确钻速平稳、均匀	3	钻头选择不正确扣 1 分 忽快、忽慢，操作不熟练扣 2 分
	4	停电、停钻	钻头提起后再停电	2	先停电后提钻头扣 2 分
	5	工件打毛处理	清理干净毛刺，接触面光滑平整，不可增大接触电阻	5	用手摸、眼观发觉有毛刺、不平整扣 5 分
	6	钻孔间距	要求孔距尺寸符合要求，均匀	5	钻孔间距离尺寸不符合要求扣 5 分

编　号	C05A003	行为领域	d	鉴定范围	2
考核时限	20min	题　　型	A	题　　分	20

试题正文	电缆支架刷漆

需　要 说明的问 题和要求	1. 独立操作，现场平台演示 2. 文明操作，文明施工，保持场地清洁 3. 安全生产，注意防火 4. 工具材料备齐开始计时，每超时 1min 扣 2 分

工具、材料、 设备场地	防锈漆、面漆、毛刷、漆筒、稀料、钢丝刷、磨光机、钢丝轮、敲渣锤

	序号	项 目 名 称	质量要求	满分	得分或扣分
评 分 标 准	1	工器具材料准备	齐全、完好	3	缺项扣 2 分
	2	油漆调配	稀稠度合适，选择调配方法正确	4	配制不合理扣 3 分
	3	支架检查、除锈	支架无显著变形、扭曲，无裂纹 支架焊渣清理干净、彻底，无漏渣、夹渣 支架除锈彻底，无漏点，表面光滑无锈蚀麻点	5	漏检、漏项扣 3 分
	4 4.1	刷漆 防锈漆	在支架除锈干净后刷防锈漆，刷漆均匀，无滴流、花脸、漏刷，干后无返锈	4	一处不合格扣 0.5 分
	4.2	面漆	在防锈漆干透后进行，刷漆均匀，无滴流、花脸、漏刷，表面光滑无麻点	4	一处不合格扣 1 分

编　号	C05A004	行为领域	d	鉴定范围	2
考核时限	20min	题　型	A	题　分	20
试题正文	\multicolumn{5}{l}{40mm×6mm 过渡铜排搭接平面的锉削}
需　要说明的问题和要求	\multicolumn{5}{l}{1. 独立操作，平台演示 2. 安全文明施工 3. 工具材料备齐后开始计时，超过 1min 扣 2 分}
工具、材料、设备场地	\multicolumn{5}{l}{施工平台、台钳、平锉（粗细规格）、直尺、钢丝刷、毛刷、40mm×6mm 铜排、细砂布（100～150 号）}

	序号	项目名称	质量要求	满分	得分或扣分
评分标准	1	工器具选择、检查、准备	齐备、选择正确	5	漏选、错选一项扣 3 分
	2	锉削操作握锉、站位姿式	正确、合理、自然	4	不正确一项扣 2 分
	3	锉削方法、速度	正确，先交叉后顺向，30～60 次/min	4	不正确扣 2 分
	4	锉削平面检查	无凹凸、塌边、塌角	4	不正确扣 4 分
	5	表面打磨及安全	平直光亮	3	未打磨、不光亮扣 3 分

238

行业：电力工程　　　　工种：电缆安装工　　　　等级：初

编　号	C05A005	行为领域		d	鉴定范围	2
考核时限	30min	题　　型		A	题　　分	20
试题正文	ϕ40×4 钢管手工切割					
需　要说明的问题和要求	1. 独立操作，手工切割2. 现场平台操作，安全文明施工3. 工具材料准备齐后开始计时，超时 1min 扣 2 分					
工具、材料、设备场地	施工平台、台钳、锯弓、锯条、石笔、直尺、圆锉、板锉、角尺、ϕ40×4钢管 1m					

	序号	项目名称	质量要求	满分	得分或扣分
评分标准	1	操作准备工器具检查，选择准备	齐备、完善、正确，锯条限取两根，宜选择中粗锯条	5	漏项、选错扣 2 分
	2	切割操作站位及握锯姿式，台钳使用	站位合理，握锯姿式正确，台钳使用正确	4	错误扣 4 分
	3	切割方法及速度	锯割角度及速度符合要求（30～60 次/min）	6	角度或速度选择错扣 3 分
	4	切割面检查、打磨	锯口平整无锐角、无毛刺	5	斜口、锐角扣 5 分

编　号	C05A006	行为领域	e	鉴定范围	2
考核时限	20min	题　型	A	题　分	25

试题正文	绝缘电阻表法电缆核相

需　要 说明的问题 和要求	1. 单人独立操作，平台演示 2. 在所给电缆导体绝缘上标明相位 3. 注意安全文明操作 4. 测试步骤按个人习惯 5. 工具准备好后开始计时，超时 1min 扣 2 分 6. 核定电缆相位的基本原理示意图如图 F-1 所示 L　　E **绝缘电阻表** 图 F-1

工具、材料、 设备场地	绝缘电阻表 1 只、电缆弯刀 1 把、BV–1×2.5 软导线 2m、平口螺丝刀 1 把、斜口钳 1 把、锯弓 1 个、钢锯 1 把、PVC 粘胶带黄、绿、红、黑 各 0.25m、带铠装 3×4+1×2.5 电缆 1 段（导体无编号、相位标识）

	序号	项目名称	质量要求	满分	得分或扣分
评 分 标 准	1	说出核相方法	正确、清晰	4	不正确扣 4 分
	2	绝缘电阻表选择检查	L、E 端子开路时绝缘电阻表转速为 120r/min，指针指向 "∝"，短路时指向"0"	5	方法不正确扣 5 分
	3	电缆剥切	剥切长度适宜，切口整齐，导体无损伤	4	每一项错误扣 2 分
	4	确定电缆任一端的相位	四芯电缆中较小截面的为中性线，相色标志正确，黄、绿、红、黑对应 A、B、C、N 相	5	任一项错误不得分
	5	绝缘电阻表摇测核定电缆相位	① 按测试方法接线正确；② 测定的相位正确；③ 相色标示正确；④ 测量完毕需放电	7	①项任一错误处扣 1分；②、③、④项任一错误此小栏不得分

行业：电力工程　　　　工种：电缆安装工　　　　等级：初/中

编　号	C54A007	行为领域	e	鉴定范围	1
考核时限	60min	题　型	A	题　分	20

试题正文	E-2-200型电缆支架制作

需　要说明的问题和要求	1. 要求单独操作 2. 制作现场要有平台 3. 戴安全帽、劳保手套、护目镜 4. 注意防触电 5. 工具材料备齐开始计时

工具、材料、设备场地	1. 在施工平台上操作 2. 切割机或剪冲机，卷尺、直角尺、手锤、石笔、电焊机、电焊工具、焊条 3. 角钢 L40×40×4、长400mm；L30×30×3、长700mm

	序号	项目名称	质量要求	满分	得分或扣分
评 分 标 准	1	下料、打毛刺	尺寸准确、无毛刺，不超过±2mm	3	超过要求扣5分
	2	焊接	无显著变形、牢固	5	变形显著扣5分
	3	横撑间距要求	误差不大于3mm	2	间距大于3mm扣5分
	4	平直度要求	误差不大于 $L/1000$	3	平直度大于要求扣5分
	5	外观检查	无显著扭曲，切口无卷边、毛刺	5	达不到要求扣5分
	6	安全用品、用具的使用	正确佩戴	2	不按要求扣2分

编　　号	C54A008	行为领域	e	鉴定范围	1
考核时限	20min	题　　型	A	题　　分	20
试题正文	做电缆接地卡子				
需　要 说明的问 题和要求	1. 要求单独进行操作 2. 照明充足 3. 正确使用安全用品用具 4. 材料工具备齐，开始计时				
工具、材料、 设备场地	1. 汽油喷灯、汽油、棉布、硬脂酸、鲤鱼钳、铁皮剪子及常用电工工 具一套 2. 打卡子用钢带取自铠装钢甲，用喷灯加热做退火处理冷却后待用				

	序号	项　目　名　称	质量要求	满分	得分或扣分
评 分 标 准	1	说出打卡子的准确位置尺寸，应打卡子的数量及卡子间隔距离	位置、尺寸、数量、间距应正确	5	说错扣5分
	2	操作方法	操作熟练方法正确	5	不熟练扣2分
	3	卡子位置，间距尺寸的掌握	位置、间距尺寸准确	5	位置、间距、尺寸不准确扣5分
	4	外观检查	整齐、牢固	5	不美观、有痕迹扣5分

行业：电力工程　　　　工种：电缆安装工　　　　等级：初/中

编　号	C54A009	行为领域		e	鉴定范围	1
考核时限	60min	题　　　型		A	题　分	20
试题正文	配制 2kg 封铅					
需　要说明的问题和要求	1. 要求单独操作 2. 注意安全，熔化铅锡时不得使水滴进入锡锅 3. 穿长袖工作服、戴护目镜、手套 4. 配制后余料要收回 5. 材料、工具备齐，开始计时					
工具、材料、设备场地	1. 锡锅、汽油喷灯 2～3 把、磅秤、纯铅 2kg、纯锡 1kg、浇注铅条模具、铁勺、火柴、废棉丝、搅拌棒 2. 制作现场不得有易燃、易爆物品 3. 照明充足、天气无雨					

	序号	项 目 名 称	质量要求	满分	得分或扣分
评分标准	1	说出封铅的配制重量比	铅 65%、锡 35%±1%	5	说出不正确扣 5 分
	2	说出简易测温方法	可将一张白纸，放于锅内 1～2s 后变黄则合适	5	不知道测试方法或测试方法不正确扣 5 分
	3	称取铅锡重量	要求准确误差不大于 1%	5	不准确扣 5 分
	4	加热、搅拌、浇注	方法正确，成型后的铅条匀称、平直	5	操作不熟练，成型后不匀称、不平直扣 5 分

编　号	C54A010	行为领域	e	鉴定范围	1
考核时限	20min	题　型	A	题　分	20

试题正文	电缆角钢吊架的安装

需　要 说明的问 题和要求	1. 要求现场安装 2. 土建部分预埋件完好，表面清理干净 3. 施工用脚手架搭设完毕并验收合格，照明充足 4. 需要一人作辅助性配合 5. 安全用品用具自备齐全，计时自上脚手架开始

工具、材料、 设备场地	1. 电焊机 1 台、电焊工具 1 套、焊条若干、线坠、手锤、钢卷尺、石 笔、水平尺（500mm） 2. 角钢吊架 2 套、垫铁 6～8 块 3. 施工地点上方无落物，周围无易燃物

	序号	项目名称	质量要求	满分	得分或扣分
评 分 标 准	1	安装前的检查	支架无显著扭曲变形，油漆完整，预埋件固定牢固	3	不做检查就施工或说不出检查内容扣 3 分
	2				
	2.1	电缆架安装吊架最上层、最下层距顶部及底部的距离	符合设计或现场实际最上层至楼板距离不小于 150～200mm，最下层至地面，可通过行人	12	不知道设计要求扣 2 分
	2.2	电缆架固定	固定牢固，横平竖直		达不到要求扣 5 分
	2.3	垂直误差	不大于 $2/1000H$（H 为吊架长度） 不大于 $2/1000L$（L 为横撑长度）		大于 $2/1000H$ 扣 3 分 达不到要求扣 2 分
	3	场地卫生、安全用品	施工完毕场地要及时清理干净，个人安全用品用具佩戴整齐、正确	5	施工场地不清理扣 2 分；安全用具使用不正确扣 3 分

行业：电力工程　　　　　工种：电缆安装工　　　　　等级：初/中

编　　号	C54A011	行为领域		f	鉴定范围	2
考核时限	15min	题　　型		A	题　分	25

试题正文	使用 MP 型手提泡沫灭火器扑灭火灾

需　要 说明的问 题和要求	1. 要求独立操作 2. 考试前可预先燃起一堆火，供灭火用 3. 无关人员退出考试现场 4. 灭火器械备齐后，由主考人宣布开始，并同时计时

工具、材料、 设备场地	1. 考试现场提供 1 套 MP 型手提泡沫灭火器 2. 考试用火堆已点燃 3. 灭火现场无关人员退出，无关易燃易爆物清离现场

	序号	项 目 名 称	质 量 要 求	满分	得分或扣分
评 分 标 准	1	说出泡沫灭火器可扑灭哪些初起火险	各种油脂类、石油产品、木、竹、棉、麻等任选 6 种	5	说不出或说错、少说各扣 5 分
	2	说出泡沫灭火器不可扑灭哪些火险	电气设备、怕腐蚀设备、器械等	5	说不出或说错各扣 5 分
	3	了解灭火器筒内及瓶胆内所装溶液	筒内装碱性溶液（发泡剂） 瓶胆内装酸性溶液（硫酸铝）	5	说错或说反各扣 5 分
	4				
	4.1	使用方法及操作的熟练程度	提起灭火器时筒身不可过度倾斜	5	操作方法不对扣 5 分；操作不熟练扣 2 分
	4.2		平稳地提到火场，颠倒筒身，上下摆动几次，使两种药液混合产生泡沫		
	4.3		将喷嘴对准火堆，借助筒内气体压力，泡沫喷向火堆将火扑灭		
	5	使用时注意事项	不允许将筒盖和筒底对向人体以防爆破造成事故	5	操作不当扣 5 分

编　号	C54A012	行为领域	e	鉴定范围	1
考核时限	15min	题　型	A	题　分	15
试题正文	填写一份电缆头安装自检记录				
需　要说明的问题和要求	1. 要求独自填写 2. 重点考察填写人综合能力 3. 填写时须提供一份原始数据 4. 笔、纸、资料备齐计时开始				
工具、材料、设备场地	1. 自检用记录表格 1～2 份、碳素水钢笔、蓝黑水钢笔、圆珠笔、铅笔各 1 支，原始记录 1 份 2. 场地为有办公桌椅的室内				

	序号	项目名称	质量要求	满分	得分或扣分
评分标准	1	笔型选用	碳素墨水钢笔	5	选错笔扣 2 分
	2	字型、字迹要求	字型要易于辨认，字迹要清晰、端正，不可有污点	3	不符合要求扣 3 分
	3	填写内容	要求填写电缆线路名称、编号、起点、终点、电缆规格型号、制作人、制作日期、温湿度、制作前后的绝缘电阻、外观有无损伤、漏油及接地是否符合要求等	5	不符合实际扣 5 分
	4	填写格式	格式正确无遗漏	2	格式不正确扣 2 分；每遗漏一项扣 1 分

行业：电力工程　　　　　　工种：电缆安装工　　　　　等级：初/中

编　号	C54A013	行为领域		e	鉴定范围	1
考核时限	30min	题　型		A	题　分	30

试题正文	电缆保护管弯制

需　要 说明的问 题和要求	1. 单人操作协助人不可做指导性工作 2. 施工平台演示，工具材料备齐后开始计时，超时 1min 扣 2 分 3. 注意安全，正确使用防护用品 4. 按规定尺寸弯制保护管不刷漆 5. 施工具体步骤按个人习惯

工具、材料、 设备场地	弯管机 1 台（手动、电动均可）、无齿锯 1 台、圆锉、半圆锉、平锉各 1 个、护目镜、手套、钢丝刷、黑色水煤气管（φ40、4m）、直角尺、钢 卷尺、试电笔、施工平台

	序号	项 目 名 称	质量要求	满分	得分或扣分
评 分 标 准	1	施工工器具 准备 　备齐所用工 器具,并检查所 领用材料质量	齐全、完备	3	漏项扣 1 分
	2	接好待用器 具电源	操作正确、安全施工	3	不正确扣 1 分
	3	保护管弯制 使用弯管机 弯制保护管	椭圆度、弯曲半径符 合规范，模具选择正 确，弯曲度符合要求	10	每一项不合格扣 2 分
	4	按规定尺寸 截取保护管长 度	尺寸准确，误差不大 于 3mm，管口平齐	8	每一项不合格扣 1 分
	5	保护管管口 打磨、除锈	管口无毛刺、锐边, 管子表面光滑，无锈 蚀、斑点	6	每一处不合格扣 1 分

编　　号	C54A014	行为领域	e	鉴定范围	2
考核时限	20min	题　　型	A	题　　分	20

试题正文	需并路的 380V 电源核相

需　要 说明的问 题和要求	1. 单人独立操作，现场平台演示 2. 现场提供相邻的 380V 交流电源两路 3. 标明所确定的相位 4. 注意安全防止触电 5. 工具准备齐后开始计时，超时 1min 扣 2 分 A B C 万用表 图 F-2

工具、材料、 设备场地	万用表 1 块、塑料粘胶带黄、绿、红、黑各 0.25m、相序表 1 块

	序号	项 目 名 称	质 量 要 求	满分	得分或扣分
评 分 标 准	1	说出核相方法	正确、清晰	5	方法错误扣 5 分
	2	由相序表测定任一路电源的相位	由相序表正反转测定电源的相位，正确，相位标识正确，黄、绿、红对应 A、B、C（如图 F-2 所示）	6	任一项错误为零分
	3	万用表档位选择	正确无误，使用方法得当	4	错误扣 4 分
	4	以确定的一路电源相位，用万用表核定另一路电源相位，相序相同电压为零	① 按测试方法接线正确；② 相位判定正确；③ 标识正确	5	任一项错误为零分

编　　号	C43A015	行为领域		e	鉴定范围	4
考核时限	5min	题　　型		A	题　　分	20
试题正文	凿子刃口的磨制					
需　要 说明的问 题和要求	1. 要求独立操作 2. 操作时要戴护目镜 3. 注意安全用具 4. 计时自材料备齐、砂轮运转开始					
工具、材料、 设备场地	1. 电动砂轮机 1 台、冷却用水 1 碗、检查凿刃角度的样板 1 块 2. 凿子毛坯 1 只，并已经淬火处理 3. 操作场地，照明充足，有足够的活动空间					

	序号	项 目 名 称	质 量 要 求	满分	得分或扣分
评 分 标 准	1	了解对凿刃 角的要求	凿硬质材料时刃角 一般取 60°～70°，软 质材料刃角取 30°～ 50°，对中等硬度材料 刃角 50°～60°	5	对角度要求不知道扣 5 分
	2	对凿刃在旋 转砂轮上的位 置要求	凿刃应刃口朝上， 放在砂轮中心偏上位 置	2	放错位置扣 2 分
	3	磨修过程要 求	双手拿凿身，轻轻 压着，左右移动刃磨过 程中要不断蘸水冷却 以防退火，要求刃口平 直	5	操作方法不当扣 5 分；操作不熟练扣 3 分
	4	对安全的要 求	操作人应站在砂轮 侧面，必须戴护目镜	3	违反规程扣 5 分

行业：电力工程　　　　工种：电缆安装工　　　　等级：中/高

编　　号	C43A016	行为领域		e	鉴定范围	1
考核时限	15min	题　　型		A	题　　分	20
试题正文	铅包电缆喇叭口胀铅处理					
需　要说明的问题和要求	1. 要求独立操作2. 胀铅楔自己配制3. 计时自处理完外护套、清理干净铅包表面后开始					
工具、材料、设备场地	1. 常用电工工具 1 套、溶剂汽油、破布少许、胀铅楔 1 只、白布带 1盘2. 准备 1 段考核用电缆3. 场地照明充分					

	序号	项目名称	质量要求	满分	得分或扣分
评分标准	1	打接地卡子，切除铠甲及外护层	接地卡子要牢固，外护层要用汽油擦净	5	卡子松扣 3 分；外护层不清理或清理不净各扣 2 分
	2	剖铅（环切）	找准适当位置，先环切一深痕，轻轻扳动，使其断裂	2	下切太深伤及绝缘扣 5 分
	3	剖铅（纵向切）	自切口向末端切两道深痕，但不要超过铅包厚度的一半，然后从末端开始撕下铅条	3	不可过深，不能伤及绝缘，否则扣 2 分；撕下铅条起始位置不对扣 2 分
	4	胀铅	胀铅楔顺统包纸方向，角度成 30°～45°喇叭口状，胀铅喇叭口的外径为原铅包外径的 1.2 倍。胀铅后统包绝缘不得损伤	5	方向相反扣 2 分；角度过小或过大扣 2 分胀铅后统包绝缘损伤扣 2 分
	5	处理毛刺	用白布带临时包扎已胀过的喇叭口，轻轻去除毛刺	5	有铅屑掉入喇叭口内或喇叭口不对称、有毛刺各扣 3 分

编　号	C43A017	行为领域	d	鉴定范围	2
考核时限	40min	题　型	A	题　分	20

试题正文	利用气割切割 δ=10mm 的低碳钢板

需 要 说明的问 题和要求	1. 使用氧气—乙炔气体切割工艺进行 2. 独立操作、平台演示 3. 安全文明施工，防护用品使用正确，防止烫伤、溅伤 4. 工具材料准备好后开始计时，超时 1min 扣 2 分

工具、材料、设备场地	氧气瓶、乙炔瓶、减压器、回火防止器、氧气、乙炔胶管、割炬、护目镜、专用扳手、直尺、石笔、通针、火种、施工操作平台、δ=10mm 的低碳钢板

	序号	项目名称	质量要求	满分	得分或扣分
评分标准	1	材料操作准备，选择准备	氧气、乙炔瓶使用安装正确，防护用品齐备，钢板划线完整	5	准备不充分，缺项扣3分；乙炔表、氧气表安装错误扣5分
	2				
	2.1	切割操作点火调至正常使用火焰	步骤正确，火焰选择正确	5	步骤不当，使用不正确扣5分
	2.2	切割	割口光滑、平整，纹路一致，切割速度均匀适当	6	工艺不美观，不符合，有一项扣3分
	2.3	工件割切面整形	切割口钢渣处锉干净，没有不割透现象，切割面光滑一致	4	不符合一项扣3分

行业：电力工程   工种：电缆安装工   等级：中/高

编　号	C43A018	行为领域	e	鉴定范围	3
考核时限	40min	题　型	A	题　分	25

试题正文	V 形坡口板对接平焊（钢板厚度δ=10mm）				
需　要说明的问题和要求	1. 独立操作，平台演示，工具准备齐后计时，超时 1min 扣 1 分 2. 手工电弧焊，V 形坡口板对接平焊，焊件一经施焊，不得任意更换和改变焊接位置，不安装引弧板，钝边高度及间隙自定，点固焊时允许做反变形 3. 安全文明施工，据现场记录违反规定扣 1～5 分，时限为引弧开始至焊完熄弧，包括过程清理及最终清理				
工具、材料、设备场地	交流电焊机 1 台、锤子、敲渣锤、錾子、钢丝刷、毛刷、焊条盒、钢直尺各 1 个，电焊条 J422，Q235V 型坡口平板块尺寸如下：12mm×250mm×300mm，V 形坡口为 60° 施工平台，焊钳夹具				

	序号	项 目 名 称	质量要求	满分	得分或扣分
评 分 标 准	1	工器具材料选择、准备	齐全、完备	3	漏项扣 1 分
	2 2.1	焊缝外观质量检查 焊缝处型号尺寸	焊缝余高 0～3mm，余高差不大于 2mm，焊缝宽度比坡口每侧增宽 0.5～3mm，宽度误差不大于 3mm	22	每一项不符合扣 2 分
	2.2	焊缝咬边，焊透深度	咬边深度不大于 0.7mm，咬边累计总长不超过焊缝长度内 50mm，未焊透深度不大于 2mm，总长度不超过焊缝总长内的 30mm		每一项不合格扣 2 分
	2.3	焊后变形及内部质量	焊件错边量不大于 2mm，焊缝变形角度不大于 5°，焊缝经 X 射线探伤应达到 GB 3323—1987 标准的 IV 级标准		每一项不符合扣 3 分
	2.4	焊缝表面状态	应为原始状态无加工和补焊，返修焊，无裂纹、未熔合、夹渣、气孔、焊瘤等缺陷，背面凹坑不大于 3mm，累计总长不超过焊缝总长内的 30mm		每一项不符合扣 3 分

252

编　号	C32A019	行为领域		e	鉴定范围	1
考核时限	40min	题　型		A	题　分	30

试题正文	电桥法测电缆直流电阻

需要说明的问题和要求	1. 单人独立操作，施工平台演示，温度20℃ 2. 判别电源直流电阻是否符合要求 3. 注意安全防止损坏仪器 4. 具体操作步骤可按各地习惯 5. 电桥法测电缆直流电阻接线原理图如图F-3所示 6. 工具准备齐后开始计时，超时1min扣2分 图 F-3

工具、材料、设备场地	直流电桥、BV-1.5软导线、剥线钳、电缆弯刀、剥削刀、不带电电缆1段

	序号	项目名称	质量要求	满分	得分或扣分
评 分 标 准	1	说出并画出电桥法测量电缆直流电阻意义、原理及接线图及注意事项	① 测试意义说出2项以上，如导电率、截面积、故障测寻等；② 原理清晰、正确，应基本符合说明（5）中的原理接线	10	① 项达不到要求扣3分；② 项不正确扣5分
	2	工器具准备，检查	完整齐备	5	漏一项扣1分
	3	电缆剥切	切口齐整，长度适宜	5	一处不当扣1分
	4	根据所说，画出原理图，进行接线测试	接线正确，测试方法正确	5	接线不准确扣4分；测试不正确扣5分
	5	测试结果判断	判别是否合乎要求，铜芯不大于 $1.724\times10^{-8}\Omega\cdot m$，铝芯不大于 $2.80\times10^{-8}\Omega\cdot m$	5	判别不合理扣4分

编　　号	C43A020	行为领域	e	鉴定范围	2
考核时限	45min	题　　型	A	题　　分	20

试题正文	停电电缆的判别和裁截的操作

需　　要 说明的问 题和要求	1. 在众多同型号电缆共在一处的场合，判断出其中一根需检修且已退出运行的电缆（其他电缆在运用中） 2. 注意不得伤及其他带电电缆 3. 裁截电缆可不在长电缆上进行而在一段段电缆上模拟操作

工具、材料、 设备场地	1. 带电电缆识别仪 2. 锯电缆或其他电缆裁截工具 3. 绝缘用具

	序号	项目名称	质量要求	满分	得分或扣分
评 分 标 准	1	排除其他型号电缆	通过观察和电缆外径测量，排除其他电缆缩小鉴定范围	1	识别不准或商量不正确扣1分
	2	信号发送			
	2.1	拆连线	在终端处拆除被识电缆与电气设备的连线	1	未拆连线扣1分
	2.2	电缆信号发生器接地线拆接	电缆接地线和信号发生器接地的拆接，因不同厂家产品使用方法各异	1	接线不对扣1分
	2.3	发送信号	以仪器说明为根据，将信号源接至电缆芯线发送信号	1	操作不正确扣1分
	3	通信联络	与发收端保持通信联络	1	无通信联络准备扣1分
	4	信号处理			
	4.1	信号比较	用接收器检测所有同型号电缆	3	比较不出区别扣1分；不进行比较扣2分

序号	项 目 名 称	质量要求	满分	得分或扣分
4.2	精确鉴别和判断	根据仪器本身特点（如 HD601 识别仪用卡钳表检测时，被识电缆表头指示比其他电缆上测量时，指针摇动幅度大许多），进行在较长的路径上检测，判断	2	不会识别扣 1 分，判断不正确扣 1 分
5	电缆裁截			
5.1	电缆的裁截	将已识别出的电缆做好记号，并把它放在比较好操作的位置上，并将信号源撤去，操作时，戴好绝缘手套，并站在绝缘垫上，用带木柄的榔头，将带地线的铁钉打进缆芯（铁钉用铁钉套套在电缆上，不用人扶），确信被检电缆无电压后方可进行剪切	10	未对已鉴别的电缆做记号扣 1 分；未按质量要求做，每处扣 1.5 分
5.2	封端处理	将被锯断电缆进行封端处理	1	未进行封端扣 1 分

左侧纵向文字：评 分 标 准

行业：电力工程　　　　工种：电缆安装工　　等级：高级工/技师

编　号	C05A021	行为领域		e	鉴定范围	
考核时限	60min	题　型		A	题　分	100

试题正文	110kV 交联电缆终端头尾管封铅工艺操作

需　要 说明的问 题和要求	1. 要求独立操作，电缆垂直固定进行封铅 2. 电缆型号为 YJLW$_{02}$–64/110kV–1×630（电缆型号可根据各单位实际情况进行调整） 3. 工作人员的劳动防护用品应穿戴规范、文明操作 4. 操作前应认真检查燃气管接件有无松动、漏气 5. 按照工艺尺寸及要求进行操作 6. 因操作不当造成材料超过配额使用或材料损毁者，视情节扣分

工具、材料、 设备场地	专用垂直固定电缆支架、揩布、钢丝刷、锯弓、板锉、钢卷尺、钢板尺、油标卡尺、鱼口钳、液化气瓶、喷枪、电缆终端尾管、热电偶及温控仪、口罩、棉布手套、护目镜、灭火器等 YJLW$_{02}$–64/110kV–1×630 电缆、铅锡焊条、锌锡底料、焊锡膏、硬脂酸、砂布、棉纱、汽油等

<table>
<tr><td rowspan="9">评

分

标

准</td><td>序号</td><td>项目名称</td><td>质量要求</td><td>满分</td><td>得分或扣分</td></tr>
<tr><td>1</td><td>服装、工器具及材料基本要求</td><td>1. 戴安全帽、穿工作服、绝缘鞋、配带个人工具
2. 工器具齐全。整个工作过程中要求工器具、材料摆放合理、清洁卫生
3. 液化气钢瓶、酒精、喷灯等易燃物品单独放置</td><td>3</td><td>1. 工器具、材料摆放不合要求扣 1 分

2. 着装、工器具、材料不完备扣 1 分</td></tr>
<tr><td>2</td><td>准备工作</td><td>1. 检查电缆固定是否良好
2. 将电缆外护层按工艺要求长度去除，将波纹铝护层表面的沥青清理干净</td><td>5</td><td>1. 未检查电缆扣 1 分

2. 沥青未清理干净扣 2 分</td></tr>
<tr><td>3</td><td>清理焊接面</td><td>1. 将电缆终端尾管焊接部位清理干净
2. 用钢丝刷将电缆波纹铝护套表面刷毛、清洁，去除表面氧化铝膜</td><td>2</td><td>氧化层清理不干净扣 2 分</td></tr>
</table>

256

序号	项目名称	质量要求	满分	得分或扣分
4	尾管、波纹铝护套表面镀底料、封铅准备	1. 将尾管、铝护套需要焊接的表面加热 2. 将锡、锌锡合金底料应均匀镀于尾管、铝护套表面 3. 锌锡合金底料镀完后用钢丝刷将底料杂质去除 4. 将尾管按工艺要求位置套入电缆并固定 5. 如尾管与电缆铝护层之间隙过大，可用铅皮填充，避免电缆不在尾管中心松动 6. 电缆主绝缘温度不得超过90℃	10	1. 为加热尾管及电缆，直接镀焊接底料扣3分 2. 锌锡镀层不均匀、不牢固扣5分 3. 杂质未去除扣2分 4. 尾管与电缆铝护层之间未固定、松框扣2分 5. 电缆主绝缘温度超过90℃，未降温扣5分
5	搪底铅	1. 用封铅焊料填平波纹铝护层，然后将波纹铝护层与尾管之间的缝隙填满 2. 均匀加热，形成光滑、密实的底铅 3. 底铅完成后应将表面杂质用钢丝刷清理干净 4. 电缆主绝缘温度不得超过90℃ 5. 封铅过程中，焊料无大块脱落	20	1. 加热不均匀，完成后的封铅内有可见的、直径超过8mm铅块每处扣5分 2. 底铅不密实、有穿透性缝隙、砂眼扣5~10分 3. 杂质未清理扣3分 4. 加热、封铅中，电缆主绝缘温度超过90℃，未降温扣5分 5. 封铅过程中，焊料大块脱落扣5分
6	二次搪铅	1. 将底铅表面均匀加热 2. 将封铅加热后，均匀搪于底铅表面 3. 电缆主绝缘温度不得超过90℃ 4. 搪铅过程中，焊料无大块脱落	10	1. 加热、搪铅中，电缆主绝缘温度超过90℃，未降温扣5分 2. 搪铅过程中，焊料大块脱落扣5分

评分标准

序号	项 目 名 称	质量要求	满分	得分或扣分
7	加热揉铅、封铅	1. 加热温度控制得当 2. 铅锡焊料熔解均匀、未分离 3. 封铅过程中，焊料无大块脱落 4. 封铅中电缆主绝缘温度不得超过90℃	20	1. 加热不均匀，完成后的封铅内有可见的、直径超过8mm铅块每处扣5分 2. 底铅不密实、有穿透性缝隙、砂眼扣5~10分 3. 加热、封铅中，电缆主绝缘温度超过90℃，未降温扣5分 4. 铅锡焊料熔解不均匀、铅锡分离扣5分 5. 封铅过程中，焊料大块脱落扣5分
8	封铅工艺尺寸及要求	1. 封铅电缆尾管上搭接40±5mm，铝护套上搭接70±5mm，封铅最大外径为90±10mm 2. 外形曲线应均匀对称、美观，呈苹果形 3. 完成后的封铅无可见的、直径超过5mm铅块 4. 封铅密实、无缝隙、砂眼等 5. 封铅过程不得烧伤电缆护层绝缘	25	1. 尺寸不符合要求，每偏差1~5毫米扣3分，偏差5~10mm扣5分，超过10mm以上扣8分 2. 最大外径每偏差10mm毫米扣5分 3. 外形不均匀、不对称扣3~5分 4. 完成后的封铅内有可见的、直径超过8mm铅块每处扣5分 5. 封铅不密实、有穿透性缝隙、砂眼每处扣5~10分 6. 封铅烧伤电缆护层绝缘扣5分
9	清理施工现场	1. 将电缆及尾管表面熔留的焊料清理干净 2. 将施工现场清理干净	5	1. 电缆及尾管表面未清理干净扣3分 2. 施工现场未清理干净扣2分

评分标准

4.2.2 多项操作

行业：电力工程　　　　工种：电缆安装工　　　　等级：初

编　号	C05B022	行为领域		f	鉴定范围	1
考核时限	30min	题　型		B	题　分	30
试题正文	低压动力负荷停送电操作					
需 要 说明的问 题和要求	1. 在现场运行中实际操作 2. 由专人监护独立完成操作票的填写及操作 3. 注意人身、设备安全，如遇事故，应退出考核 4. 工具准备齐后，开始计时，超时 1min 扣 2 分					
工具、材料、 设备场地	现场实际设备					

	序号	项 目 名 称	质量要求	满分	得分或扣分
评 分 标 准	1	操作票填写	内容详细、明确，具体顺序步骤正确，无漏项，书写清楚、工整，无涂改	5	错误、漏项扣 5 分
	2	操作票审批	相应审核、批准、签发正确，无漏项	2	漏项、不正确扣 2 分
	3	现场操作	专人监护，逐条核实进行，操作时监护唱票，操作人重复确认后，由监护人下令，开始操作，完成一项操作打"√"标记	10	未按规定进行或操作不正确扣 10 分
	4	操作后复查核实	重复检查确认操作的设备正确无误	3	未重复检查扣 3 分
	5	布置安全措施，按要求挂牌，设遮栏标示	挂牌标示正确	4	未进行扣 4 分
	6	向发令人汇报并加盖"已执行"章	汇报正确、清晰	2	不汇报盖章扣 2 分
	7	做好运行操作记录，及交接班记录	记录正确	4	未做记录扣 4 分

行业：电力工程　　　　　工种：电缆安装工　　　　　等级：初

编　　号	C05B023	行为领域		d	鉴定范围	1
考核时限	60min	题　　型		B	题　　分	30
试题正文	40W 日光灯配制安装调试					
需　　要说明的问题和要求	1. 独立操作，现场演示，注意安全2. 灯具装于顶部，开关控制火线3. 灯具及开关安装位置高度，布线路径可根据实际提出要求4. 具体安装步骤可按个人习惯，安装固定灯具吊盒统一采用胀塞5. 注意安全6. 工具准备齐后开始计时，超时 1min 扣 2 分					
工具、材料、设备场地	40W 日光灯器具散件一套、含灯管起辉器、镇流器、绞链、吊盒、圆柱、护套线（2×1.5mm²）、花线、灯具壳体等、平口、十字花螺丝刀、剥线钳、尖嘴钳、斜口钳、黑胶布、塑料胀塞及配套用木螺钉或自期待螺丝，冲击钻、冲击钻头、人字梯等					

	序号	项目名称	质量要求	满分	得分或扣分
评分标准	1	工器具选择检查、准备	齐全完备，选择材料正确	6	准备不充分、漏项、选错扣 2 分
	2	日光灯具组合	按日光灯具接线图接线准确、牢固、无误	6	接线不正确扣 5 分；其他工艺每项错误扣 1 分
	3	灯具开关安装固定	牢固可靠，符合要求规范，接线正确	6	不牢固、不正确，每项扣 1 分
	4	布线	美观、牢固、合理	6	布局不合理、不美观每处扣 1 分
	5	校灯检查	投光位置符合要求，电路控制可靠正确	6	校灯不亮及控制不对扣 5 分

行业：电力工程　　　　工种：电缆安装工　　　　等级：初

编　号	C05B024	行为领域	d	鉴定范围	2
考核时限	20min	题　型	B	题　分	20
试题正文	试（通）灯的制作				
需　要 说明的问 题和要求	1. 单独制作 2.5V 试灯 1 个 2. 操作步骤按个人习惯 3. 现场提供 220V 交流电源、插座 4. 注意安全，防止触电烫伤，文明施工 5. 工具准备齐后开始计时，超时 1min 扣 2 分				
工具、材料、 设备场地	电烙铁（220V、35W）1 把、2 号干电池 2 节、2.5V 小电珠 1 个、焊 锡膏、焊锡丝适量、砂纸 1 张、剥线钳 1 把、斜口钳 1 把、BV-1×1.5 软 导线 2m、BV-1×1.5 软导线 0.5m、PVC 带 2m				

	序号	项目名称	质量要求	满分	得分或扣分
评 分 标 准	1	导线头剥切	长度适宜、切口平整	2	每一处不合格扣 0.5 分
	2	导线头、电池焊接部位清理	干净、无污物及氧化层	2	每一处不合格扣 0.5 分
	3	导线连接	接线正确，焊接牢固，试亮正确	4	每一处不合格扣 3 分，试亮不正确为零分
	4	焊点检查	无虚焊、漏焊，焊点饱满、圆滑、光亮	4	每一处不合格扣 2 分
	5	试灯外观检查	PVC 带包绕均匀，外形美观、牢固	4	每一处不合格扣 3 分
	6	试灯试亮校验	正确无误	4	错误扣 4 分

行业：电力工程　　　　　　工种：电缆安装工　　　　　　等级：初

编　号	C05B025	行为领域	e	鉴定范围	1
考核时限	60min	题　型	B	题　分	20

试题正文	1kV 塑料电缆热缩接头的制作

需要说明的问题和要求	1. 要求独立操作，但需增加一人协助 2. 要求提供一套接头制作说明书，无说明书时可根据各地习惯操作，重点考核安装过程及熟练程度 3. 工具、劳保自备 4. 工具、材料备齐后开始计时

工具、材料、设备场地	1. 电工常用工具 1 套、液化器加热器或汽油喷灯、鲤鱼钳、压线钳各 1 把、电缆附件 1 套、焊锡膏、焊锡丝、白绸布、破布、火烙铁、钢锯、铁皮剪子、卷尺、绝缘电阻表等 2. 准备二段考核用电缆 3. 操作场地照明充足，无易燃物，天气晴好

	序号	项目名称	质量要求	满分	得分或扣分
评 分 标 准	1	待接电缆准备好，确定对接位置、尺寸，剥除护套层	铠装层扎牢、打毛，保留铠装层端 10mm 的内护层，其余去除	3	尺寸不对、铠装松散扣 2 分
	2	将需暂时放置套入热缩管处的外护套表面擦干净，套入热缩管	外护套表面处理好	5	不清理外护层扣 5 分；忘记套入管材，本题将无法进行下去，所以只能给零分
	3	核相，找出接头中心位置，锯断多余导体，剥除绝缘层，压接对接管	核相正确，压接对接管时要从中间开始	3	核相不正确或压接管子时颠倒各扣 5 分
	4	热缩绝缘管材	去除连接管毛刺，包绕连接管增强绝缘，清理外护层表面，从中间向两端开始热缩管材	5	毛刺清理不干净，连接管口处绝缘层不削坡度或不清理绝缘层各扣 3 分
	5	接地线焊接	搭焊处钢带打毛后再焊	2	焊接不牢固，接触面不好各扣 2 分
	6	组装外部机械保护盒或热缩外护层	保护强度足够，热缩时要求紧密	2	保护不好，热缩松弛各扣 2 分

行业：电力工程　　　　工种：电缆安装工　　　　　等级：中

编　号	C04B026	行为领域		e	鉴定范围	4
考核时限	60min	题　型		B	题　分	25
试题正文	QD-1kg（2B型）汽油喷灯阻塞的修理					
需要说明的问题和要求	1. 要求单独操作 2. 注意现场防火，必要时可准备消防器材 3. 材料、工具备齐后开始计时					
工具、材料、设备场地	1. 常用电工工具1套、外六方扳手1套、细钢丝通针1根、8号活扳手1把 2. 操作场地周围无易燃物 3. 备用石棉垫若干					

	序号	项目名称	质量要求	满分	得分或扣分
评分标准	1	了解喷灯的工作原理及使用方法（简述）	灌油量是油桶容积的3/4。先预热，后打气，打开调节阀，汽油经吸油管在燃烧膛内汽化，从喷嘴喷出与空气混合后燃烧	5	说不完整扣5分
	2	阻塞的原因	化学和物理作用下产生油路逐渐阻塞	3	不了解阻塞原因扣3分
	3	气化管油路堵塞时怎样处理	将气化管取下，燃红后使其冷却，将管内积物变成灰烬，可疏通	5	不会此方法扣3分
	4	喷灯油桶压力过低，影响火焰减弱	向油桶内打气，工作压力不大于0.25～0.35MPa	2	不知道工作压力扣2分
	5	喷油嘴阻塞	用外六方扳手拆下，用通针疏通后清理干净装上	5	不会拆除或忘记此步骤扣5分
	6	处理完故障后的组装	拆装时不得漏装配件	2	漏装1件扣2分
	7	最后检查	装油预热，打压，检查有无漏油、汽现象，若漏油可添加石棉布垫或拧紧石棉垫压紧螺母	3	忘记此步骤扣3分

行业：电力工程　　　　　工种：电缆安装工　　　　　等级：中

编　　号	C04B027	行为领域		e	鉴定范围	1
考核时限	8h	题　　型		B	题　　分	50

试题正文	固定式低压配电盘柜安装（焊接固定）

需　　要 说明的问 题和要求	1. 现场操作，其他工种及人员配合施工，不得有对测试安装操作工艺、工序指导示决性行为 2. 提供临时可靠的电源 3. 注意安全，文明操作 4. 工具准备齐后，开始计时，超时 1min 扣 2 分

工具、材料、 设备场地	电焊机、电焊工具、撬棍、木锤、线坠、水平、米尺、直角拐尺、垫铁、扳手、平口、十字花螺丝刀、试灯、滚杠、搬运小车、粉线

<table>
<tr><td rowspan="6">评

分

标

准</td><td>序号</td><td>项目名称</td><td>质量要求</td><td>满分</td><td>得分或扣分</td></tr>
<tr><td>1</td><td>安装前检查，盘柜基础</td><td>使用材料及尺寸符合设计要求，不直度小于 5mm/全长，水平度小于 5mm/全长，位置误差及不平行度小于 5mm/全长，应有明显可靠接地，接地点不小于 2 点，基础与地面标高差+20mm，设备正确，无受潮、漆层，无脱落</td><td>10</td><td>漏检一项或错检一项扣 3 分</td></tr>
<tr><td>2</td><td>盘柜安装</td><td></td><td></td><td></td></tr>
<tr><td>2.1</td><td>安装方式</td><td>先找出中间一块，然后两侧依次拼装或先找最前或最后一块，再依次拼装，若有母线桥时应注意对正位置</td><td>40</td><td>盘柜损坏扣 8 分；方式不对扣 5 分</td></tr>
</table>

264

	序号	项目名称	质量要求	满分	得分或扣分
评 分 标 准	2.2	盘体就位找正	间隔布置符合设计，盘体垂直度不大于1.5/1000H(H为盘高)，水平误差：相邻盘顶部小于1.5mm，成列盘顶部小于4mm。盘面不平度相邻两盘边：成列盘小于4mm，间接接缝小于1.5mm		不符合一项扣4分
	2.3	盘体固定、接地	焊接部位盘底四角为20～40mm长,固定牢固,紧固件齐全完好,表面镀锌,紧固螺栓露扣2～5丝扣,盘底座与基础导通良好,要有2点及以上接地,装有电气可开启门的应用软导线可靠接地		不符合一项扣4分
	2.4	盘上设备安装	盘上设备及表计型号符合设计,外观齐全完好,二次回路符合图纸设计要求,载流体相间及对地距离不小于12mm,表面漏电距离大于120mm,二次回路带电体对地距离不小于4mm,二次回路带电体表面漏电距离不小于16mm,盘面油漆完整无返锈,盘面标志齐全清晰		不符合一项扣4分

行业：电力工程　　　　工种：电缆安装工　　　　等级：中

编　　号	C04B028	行为领域	e	鉴定范围	2
考核时限	45min	题　　型	B	题　　分	25

试题正文	测量 10kV 交联聚乙烯绝缘电力电缆的绝缘电阻
需　要说明的问题和要求	1. 本题主要考核项目为：① 测量前的准备工作；② 接线连接；③ 测试步骤和方法；④ 安全文明生产 2. 单人操作时，需配一名助手 3. 操作时准备好已做好的电缆终端头且相序正确 4. 工具准备齐后开始计时，超时 1min 扣 1 分
工具、材料、设备场地	1. 500、1000、2500V 绝缘电阻表各 1 块、导线、电工常用工具、接地线、绝缘手套等 2. 被测电缆两端均做好电缆头的电缆 1 根 3. 现场照明充足

	序号	项目名称	质量要求	满分	得分或扣分
评 分 标 准	1	测量前的准备工作			
	1.1	绝缘电阻表的选用	测 1kV 及以上电缆使用 2500V 绝缘电阻表	8	用错表扣 5 分
	1.2	绝缘电阻表的检查	L、E 端子开路时绝缘电阻表转速为 120r/min，指针指向"∞"，短路时指向"0"		方法不正确扣 3 分
	1.3	测试前对待测电缆的处理	对运行中的电缆应停电、验电后，首尾端均拆除与原设备断开，对新安装的电缆应清除终端头污物，不可与其他无关设备连接		待测电缆处理不当扣 3 分

	序号	项 目 名 称	质 量 要 求	满分	得 分 或 扣 分
评 分 标 准	2	测量接地			
	2.1	测量三相芯各自对地及钢甲的绝缘电阻的接线	用单股绝缘线,其余接被测相,连接"L"端,其余二相连接后与电缆的钢甲接地线连接后接至"E"端,再用一单股线连接被测相的屏蔽层后接至"G"端	8	绝缘电阻表"L"没接到导体上扣3分;接"L"端的导线不悬空扣2分;"G"端使用不当扣1分
	2.2	测量相间绝缘电阻接线	用单股绝缘导线接A相与"L"端连接,另一单股绝缘导线与B相连接后接至"E"端		接线不正确或不牢靠各扣2分
	3	摇测方法	摇测时,将表平放转速为120r/min,保持1min读表针指示值,停表时应先拆"L"连线,再停表,然后放电	5	位置不正确或摇速不匀扣3分;停表不当扣2分;每次测量前后没放电扣1分;拆"L"连线没戴手套扣2分
	4	安全文明生产	符合安全规程	4	违反一条扣1分

编　　号	C43B029	行为领域	e	鉴定范围	2
考核时限	120min	题　　型	B	题　　分	100
试题正文	按照图示剥切尺寸及工艺要求完成 10kV 电缆剥切、地线焊接				

| 需　　要
说明的问
题和要求 | 1. 单人独立操作，水平安装
2. 戴安全帽、穿工作服、绝缘鞋、配带个人工具
3. 工器具齐全。整个工作过程中要求工器具、材料摆放合理、清洁卫生
4. 液化气钢瓶、酒精、喷灯等易燃物品单独放置，操作前应认真检查燃气管接件有无松动、漏气
5. 电缆剥切尺寸如图所示
6. 因操作不当造成材料超过配额使用或材料损毁者，视情节扣分
7. 图 F-4 为三芯统包交联电缆其中一相电缆剥切示意图

图 F-4 |

| 工具、材料、
设备场地 | 手锯、剥切刀、卷尺、螺丝刀、电工刀、剪刀、记号笔、玻璃、液化气、喷枪、火焰铁（电烙铁）、铜扎线、焊锡膏、焊锡丝、板锉、清洁纸、棉布、100～320 号砂纸、酒精、PVC 胶带、口罩、棉布手套、护目镜、安装专用电缆支架、灭火器等，10kV 电缆一段 |

评 分 标 准	序号	项目名称	质量要求	满分	得分或扣分
	1	服装、工器具及材料基本要求	1. 戴安全帽、穿工作服、绝缘鞋、配带个人工具 2. 工器具齐全。整个工作过程中要求工器具、材料摆放合理、清洁卫生 3. 液化气钢瓶、酒精、喷灯等易燃物品单独放置	5	1. 服装达不到要求扣 1 分 2. 工器具、材料摆放不合要求扣 1 分 3. 工器具、材料每漏一项扣 1 分

序号	项 目 名 称	质量要求	满分	得分或扣分
2	剥除外护套	1. 由电缆端部量650mm，剥除外护套 2. 外护套切口平齐	3	外护套切口斜度超过1～2mm扣1分，超过2mm以上扣2分
3	锯钢铠	1. 在扎线处钢铠进行打磨处理。由外护套断口量40mm做扎线，求扎线绑扎牢固，平齐 2. 沿扎线锯钢铠，用螺丝刀将锯口撬起，用钳子撕下钢铠	3	1. 在扎线处钢铠未进行打磨处理扣2分 2. 扎线缠绕方向与钢铠方向不一致扣2分 3. 扎线断开、重复绑扎或钢铠松动扣2分 4. 沿扎线锯透钢铠扣3分 5. 用螺丝刀将锯口撬起，用钳子撕下钢铠，不得撕裂、不得从末端绕剥，否则扣2分
4	剥切内衬层及填充物	1. 预留15mm内衬层，其余剥除 2. 内衬层及填充物要求切口平齐且不得伤及铜屏蔽	2	1. 切口不齐扣1分 2. 伤及铜屏蔽层扣1分
5	焊接地线	1. 在钢铠及铜屏蔽上焊接处进行打磨处理、清理 2. 在钢铠、铜屏蔽焊接处进行镀锡处理。铜屏蔽地线焊接位置距内衬层切口30mm 3. 地线进行渗锡处理，长度不小于30mm。离外护套切口50mm处将接地线用铜扎线固定	18	1. 未在钢铠及铜屏蔽上焊接处进行打磨处理扣2分 2. 未在钢铠、铜屏蔽焊接处进行镀锡处理扣2分 3. 焊接表面不平整、结合不紧密与钢铠、铜屏蔽过渡不光滑，有缝隙或无毛刺，每处扣2分 4. 地线焊接应焊接双层钢铠，焊接一层钢铠者扣3分 5. 焊接时烧伤半导电层及绝缘层，扣5分

评分标准

序号	项目名称	质量要求	满分	得分或扣分
6	剥除铜屏蔽带	1. 电缆内衬层以上预留 200mm 铜屏蔽，其余剥除 2. 铜屏蔽应临时保护，不得散开	10	1. 剥除铜屏蔽时伤及绝缘外屏蔽扣 5 分 2. 铜屏蔽层散开扣 2 分
7	剥除绝缘外半导电层	1. 自铜屏蔽切口向上预留 20mm 半导电屏蔽层，其余剥除 2. 剥切口半导电层处理成约 3mm 小斜坡型，并将电缆外半导电斜坡打磨光滑 3. 绝缘体和半导电锥形面过渡处的处理要平滑；用砂纸打磨时注意不要将绝缘屏蔽打磨到绝缘上	25	1. 剥除半导电层时伤及绝缘每处扣 5 分 2. 绝缘体和半导电锥形面过渡不平滑扣 5 分 3. 半导电断口不齐，有超过 1～2 mm 的尖刺或凹槽扣 2 分，超过 2 mm 以上的尖刺或凹槽扣 3 分 4. 半导电锥形面前的绝缘体有半导电残留或凹槽扣 5 分
8	剥切绝缘	自导体端部量取接线端子孔深加 5mm 切除电缆绝缘，并将绝缘切面进行 3mm 倒角。剥切绝缘时严禁损伤导体，切口平齐，倒角光滑	15	1. 剥切绝缘时伤及导体，每处扣 3 分 2. 切除电缆绝缘尺寸每超过 1mm 扣 1 分 3. 切口不平齐，倒角不光滑扣 2 分
9	打磨清洗	1. 将电缆绝缘层打磨、清洗干净，无附着的半导电颗粒 2. 要求绝缘打磨光滑、干净，清洗时擦抹方向从绝缘层到半导电层，不得反向 3. 打磨绝缘时，将电缆导体临时保护	12	1. 主绝缘表面有可见凹痕、半导电残留及杂物等，每处扣 1 分 2. 酒精纸清洗时，如在半导电和绝缘体之间来回清洗，扣 2 分

（评分标准准）

	序号	项目名称	质量要求	满分	得分或扣分
评 分 标 准	10	安装接线端子(不压接)	清洁导体,清洁接线端子,将接线端子套入导体	2	未清洁导体和接线端子扣1分
	11	核对相序、标相色	1. 核对电缆相序,用粘性 PVC 相色带在铜屏蔽中间位置标明电缆相位 2. 要求相位标记与电缆本体相色一致,正确、清晰	2	相位标记与电缆本体相序不一致每处扣1分
	12	整理工器具、操作现场,填写安装记录	1. 工器具、剩余材料整理、清洁干净工作,现场清理干净 2. 记录填写准确、完整、规范	3	1. 现场未清理干净扣1分 2. 记录填写不准确、不完整扣2分

行业：电力工程　　　　工种：电缆安装工　　　　等级：中/高

编　号	C43A030	行为领域		e	鉴定范围	2
考核时限	120min	题　型		B	题　分	30
试题正文	电缆路径及埋设深度探测，绘出电缆走向图和埋设深度断面图					
需　要说明的问题和要求	1. 路径深测不少于200m，且应至少两个转弯 2. 深度探测不少于3个点 3. 用音频信号或脉冲磁场法皆可 4. 绘图不需按比例					
工具、材料、设备场地	1. 只要能输出信号的设备均可，机型、方式不予限制 2. 现发射信号设备相对应的接收设备					

	序号	项 目 名 称	质 量 要 求	满分	得分或扣分
评 分 标 准	1	接收和信号发射	接线正确（使用高压冲击脉冲设备还应注意安全）	1	不正确扣1分
	2	通信联络	工作前确定通信联络方式	1	保持通信、尽量减少工作时间，通信不正常扣1分
	3	操作	操作正确	1	操作有误扣2分
	4	路径探测	路径探测正确	9	不正确扣每处3分
	5	深度探测	深度探测正确	9	不正确扣每处3分
	6	绘图	绘图正确（平面走向图和断面图）	8	不能正确绘图扣1～5分

编　　号	C32B031	行为领域		e	鉴定范围	1
考核时限	150min	题　　型		B	题　　分	100
试题正文	按照所给工艺要求完成 10kV 交联电缆冷缩式户外终端安装					
需　　要 说明的问 题和要求	1. 单人独立操作，水平安装 2. 戴安全帽、穿工作服、绝缘鞋、配带个人工具 3. 工器具齐全、材料摆放合理、安装全过程清洁卫生 4. 电缆规格自定，剥切尺寸按考核所给图纸执行 5. 本工艺按照附件厂家安装尺寸编写，考核时可根据实际情况调整，但工艺要求应完整、一致 6. 因操作不当造成材料超过配额使用或材料损毁者，视情节扣分					
工具、材料、 设备场地	手锯、剥切刀、卷尺、螺丝刀、电工刀、剪刀、记号笔、玻璃、液化气、喷枪、火烙铁（电烙铁）、铜扎线、焊锡膏、焊锡丝、板锉、清洁纸、棉布、100～240 目砂纸、酒精、PVC 胶带、口罩、棉布手套、护目镜、安装专用电缆支架、灭火器等					

	序号	项目名称	质量要求	满分	得分或扣分
评 分 标 准	1	服装、工器具及材料基本要求	1. 戴安全帽、穿工作服、绝缘鞋、配带个人工具 2. 工器具齐全。整个工作过程中要求工器具、材料摆放合理、清洁卫生 3. 液化气钢瓶、酒精、喷灯等易燃物品单独放置	3	1. 服装达不到要求扣 1 分 2. 工器具、材料摆放不合要求扣 1 分 3. 工器具、材料每漏一项扣 1 分
	2	剥除外护套	1. 由电缆端部量 700mm，剥除外护套 2. 外护套切口平齐	2	切口不平齐扣 1 分
	3	锯钢铠	1. 在扎线处钢铠进行打磨处理。由外护套断口量 30mm 做扎线，求扎线绑扎牢固，平齐 2. 沿扎线锯钢铠，用螺丝刀将锯口撬起，用钳子卷起撕下钢铠，锯钢铠的深度不得超过 2/3，不得伤及内衬层	5	1. 在扎线处钢铠未进行打磨处理扣 1 分 2. 扎线缠绕方向与钢铠方向不一致扣 1 分 3. 扎线断开、重复绑扎或钢铠松动扣 1 分 4. 沿扎线锯透钢铠扣 2 分 5. 用螺丝刀将锯口撬起，用钳子撕下钢铠，不得撕裂、不得从末端绕剥，否则扣 1 分

序号	项 目 名 称	质量要求	满分	得分或扣分
4	剥切内衬层及填充物	1. 预留 10mm 内衬层，其余剥除 2. 内衬层及填充物要求切口平齐且不得伤及铜屏蔽	2	切口不齐扣1分
5	安装铠装层接地线	1. 在钢铠接地线安装处进行去氧化层处理、清理 2. 用恒力弹簧将截面较小的接地线在钢铠上箍紧（焊接地线也可）	5	1. 未在钢铠接地线安装处进行去氧化层处理、清理扣1分 2. 焊接表面不平整、结合不紧密，每处扣1分 3. 地线焊接应焊接双层钢铠，焊接一层钢铠者扣1分
6	安装铜屏蔽层接地线	1. 在内衬层 30mm 处的铜屏蔽处进行去氧化层处理、清理 2. 将截面较大的接地线分为三等份，用恒力弹簧（或焊接）将接地线箍紧在铜屏蔽上	5	1. 未在铜屏蔽上进行去氧化层处理扣1分 2. 焊接表面不平整、结合不紧密，每处扣2分
7	接地线渗锡处理	距外护层断口以下 40mm 处的钢铠、铜屏蔽地线进行上渗锡处理，长度不小于 30mm	3	未进行镀锡处理扣5分
8	安装冷缩分支手套	1. 掀开铠装层地线，在外护层断口处绕包两层防水填充胶 2. 将屏蔽层与铠装层接地线之间绕包 2～3 层防水绝缘填充胶（在两层接地线之间形成绝缘层） 3. 将两层接地线放平，用填充胶将三叉口及接地线外部绕包密实（外径不得大于分支手套内径），再用 PVC 绝缘胶带绕包一层	10	1. 在两层接地线之间未形成绝缘层扣5分 2. 冷缩手套未按沿逆时针方向抽掉内衬条扣2分 3. 两根接地线未固定扣1分

（左侧竖排：评 分 标 准）

274

	序号	项 目 名 称	质量要求	满分	得分或扣分
评 分 标 准	8	安装冷缩分支手套	4. 将冷缩手套套至三叉口根部，沿逆时针方向抽掉内衬条，先抽掉尾管部分，再抽掉指套部分 5. 冷缩分支手套收缩后，在手套下端与电缆外护层接缝处用 J–20 绝缘胶带绕包 4～5 层，再用 PVC 绝缘胶带绕包 2 层 6. 将两根接地线用铜扎线（尼龙绑扎带）距手套根部 50mm 固定	10	4. 填充胶绕包不密实扣 2 分
	9	安装冷缩绝缘管	1. 将冷缩绝缘管分别套入三相电缆根部与分支手套至少搭接 20mm，沿逆时针方向抽掉内衬条 2. 距电缆端部 180mm+接线端子孔深在冷缩管上作标记，切除多余冷缩管 3. 切除冷缩管不得伤及铜屏蔽层	5	1. 冷缩手套未按沿逆时针方向抽掉内衬条扣 2 分 2. 未作标记扣 1 分 3. 伤及铜屏蔽层扣 2 分
	10	剥除铜屏蔽带	1. 冷缩绝缘管以上预留 15mm 铜屏蔽，其余剥除 2. 铜屏蔽应临时保护，不得散开 3. 剥除铜屏蔽时不得伤及绝缘屏蔽	5	1. 剥除铜屏蔽时伤及绝缘屏蔽扣 2 分 2. 铜屏蔽层散开扣 1 分

序号	项目名称	质量要求	满分	得分或扣分
11	剥除绝缘外半导电层	1. 自铜屏蔽切口向上预留 30mm 半导电屏蔽层，其余剥除 2. 剥切口半导电层处理成约 3mm 小斜坡型，并将电缆外半导电斜坡打磨光滑 3. 绝缘体和半导电锥形面过渡处的处理要平滑；用砂纸打磨时注意不要将绝缘屏蔽打磨到绝缘上 4. 距外半导电层断口 10mm 向下用半导电自粘带将外半导电层与铜屏蔽之间的台阶或缝隙绕包紧 5. 半导电自粘带拉伸率不得超过 35%，半重叠绕包	15	1. 剥除半导电层时伤及绝缘每处扣 3 分 2. 绝缘体和半导电锥形面过渡不平滑扣 3 分 3. 半导电断口不齐，有尖刺或凹槽扣 3 分 4. 半导电锥面断口前的绝缘体有半导电残留或凹槽扣 5 分 5. 半导电自粘带拉伸率超过 35%，未半重叠绕包扣 2 分
12	剥切导体绝缘	1. 自导体端部量取接线端子孔深加 20mm 切除电缆绝缘及导体屏蔽，并将绝缘切面进行 3mm 倒角。剥切绝缘时严禁损伤导体，切口平齐，倒角光滑 2. 绝缘层断口距半导电屏蔽断口 130mm	5	1. 剥切绝缘时伤及导体扣 1 分 2. 切除电缆绝缘尺寸每超过 2mm 扣 1 分 3. 切口不平齐，倒角不光滑扣 2 分
13	打磨清洗	1. 用 100~240 号砂纸将电缆绝缘层打磨、清洗干净，无附着的半导电颗粒 2. 要求绝缘打磨光滑、干净，清洗时擦抹方向从绝缘层到半导电层，不得反向 3. 打磨绝缘时，将电缆导体临时保护	10	1. 主绝缘表面有可见凹痕、半导电残留及杂物等，每处扣 1 分 2. 酒精（专用清洁布）纸清洗时，如在半导电和绝缘体之间来回清洗扣 3 分 3. 电缆导体未临时保护扣 1 分

评分标准

序号	项目名称	质量要求	满分	得分或扣分
14	安装终端绝缘管，防雨帽	1. 在绝缘表面均匀涂抹一层硅脂 2. 将冷缩终端绝缘管分别套入三相电缆绝缘管标记处，沿逆时针方向抽掉内衬条，挤出多余硅脂，清理干净 3. 用 J-20 绝缘胶带绕包 2～3 层，再用 PVC 绝缘胶带绕包 2 层，再用尼龙绑扎带将终端绝缘管根部拉紧密封 4. 核对电缆相序，将三个防雨帽按相色套入三相导体与终端绝缘管上	15	1. 在绝缘未抹硅脂扣 3 分 2. 冷缩终端绝缘管未沿逆时针方向抽掉内衬条扣 2 分 3. 绝缘管根部未密封扣 2 分 4. 未核对电缆相序扣 3 分
15	压接接线端子（为节约成本，可不压接）	1. 清洁导体，清洁接线端子，将接线端子套入导体 2. 选择吨位、模具配套的压接钳压接接线端子 3. 压接后不得有裂纹、棱角 在接线端子根部与电缆防雨帽之间接缝处用 J-20 绝缘胶带绕包 2～3 层，再用 PVC 绝缘胶带绕包 2 层，加强密封	5	1. 未清洁导体和接线端子扣 1 分 2. 压接后有裂纹、棱角扣 3 分
16	整理工器具、操作现场，填写安装记录	1. 工器具、剩余材料整理、清洁工作，现场清理干净 2. 记录填写准确、完整、规范	5	1. 现场未清理干净扣 1 分 2. 记录填写不准确、不完整扣 2 分

评分标准

行业：电力工程　　　　　工种：电缆安装工　　　　等级：高级/技师

编　　号	C32B032	行为领域	e	鉴定范围	2
考核时限	150min	题　　型	B	题　　分	100

试题正文	按照所给工艺要求完成10kV交联电缆肘型插头（环网柜）安装

需　要 说明的问 题和要求	1. 单人独立操作，水平安装 2. 戴安全帽、穿工作服、绝缘鞋、配带个人工具 3. 工器具齐全、材料摆放合理、安装全过程清洁卫生 4. 电缆规格自定，剥切尺寸按考核所给图纸执行 5. 本工艺按照附件厂家安装尺寸编写，考核时可根据实际情况调整，但工艺要求应完整、一致 6. 因操作不当造成材料超过配额使用或材料损毁者，视情节扣分

工具、材料、 设备场地	手锯、剥切刀、卷尺、螺丝刀、电工刀、剪刀、记号笔、玻璃、液化气、喷枪、火焰铳（电烙铁）、铜扎线、焊锡膏、焊锡丝、板锉、清洁纸、棉布、100～240号砂纸、酒精、PVC胶带、口罩、棉布手套、护目镜、安装专用电缆支架、灭火器等

	序号	项目名称	质量要求	满分	得分或扣分
评 分 标 准	1	服装、工器具及材料基本要求	1. 戴安全帽、穿工作服、绝缘鞋、配带个人工具 2. 工器具齐全。整个工作过程中要求工器具、材料摆放合理、清洁卫生 3. 液化气钢瓶、酒精、喷灯等易燃物品单独放置	3	1. 服装达不到要求扣1分 2. 工器具、材料摆放不合要求扣1分 3. 工器具、材料每漏一项扣1分
	2	剥除外护套	1. 由电缆端部量600mm，剥除外护套 2. 外护套切口平齐	2	切口不平齐扣1分
	3	锯钢铠	1. 在扎线处钢铠进行打磨处理。由外护套断口量40mm做扎线，求扎线绑扎牢固，平齐 2. 沿扎线锯钢铠，用螺丝刀将锯口撬起，用钳子卷起撕下钢铠	5	1. 在扎线处钢铠未进行打磨处理扣1分 2. 扎线缠绕方向与钢铠方向不一致扣1分

	序号	项目名称	质量要求	满分	得分或扣分
评 分 标 准	3	锯钢铠	3. 锯钢铠的深度不得超过 2/3，不得伤及内衬层	5	3. 扎线断开、重复绑扎或钢铠松动扣 1 分 4. 沿扎线锯透钢铠扣 2 分 5. 用螺丝刀将锯口撬起，用钳子撕下钢铠，不得撕裂、不得从末端绕剥，否则扣 1 分
	4	剥切内衬层及填充物	1. 预留 10mm 内衬层，其余剥除 2. 内衬层及填充物要求切口平齐且不得伤及铜屏蔽	2	切口不齐扣 1 分
	5	安装铠装层接地线	1. 在钢铠接地线安装处进行去氧化层处理、清理 2. 用恒力弹簧将界面较小的接地线在钢铠上箍紧（焊接地线也可）	5	1. 未在钢铠接地线安装处进行去氧化层处理、清理扣 1 分 2. 焊接表面不平整、结合不紧密，每处扣 1 分 3. 地线焊接应焊接双层钢铠，焊接一层钢铠者扣 1 分
	6	安装铜屏蔽层接地线	1. 在内衬层 30mm 处的铜屏蔽处进行去氧化层处理、清理 2. 将截面较大的接地线分为三等份，用恒力弹簧（或焊接）将接地线箍紧在铜屏蔽上	5	1. 未在铜屏蔽上进行去氧化层处理扣 1 分 2. 焊接表面不平整、结合不紧密，每处扣 2 分
	7	接地线渗锡处理	距外护层断口以下 40mm 处的钢铠、铜屏蔽地线进行上渗锡处理，长度不小于 30mm	3	未进行镀锡处理扣 5 分

	序号	项 目 名 称	质量要求	满分	得分或扣分
评 分 标 准	8	安装冷缩分支手套	1. 掀开铠装层地线，在外护层断口处绕包两层防水填充胶 2. 将屏蔽层与铠装层接地线之间绕包 2～3 层防水绝缘填充胶（在两层接地线之间形成绝缘层） 3. 将两层接地线放平，用填充胶将三叉口及接地线外部绕包密实（外径不得大于分支手套内径），再用 PVC 绝缘胶带绕包一层 4. 将冷缩手套套至三叉口根部，沿逆时针方向抽掉内衬条，先抽掉尾管部分，再抽掉指套部分 5. 冷缩分支手套收缩后，在手套下端与电缆外护层接缝处用 J-20 绝缘胶带绕包 4～5 层，再用 PVC 绝缘胶带绕包 2 层，将两根接地线用铜扎线（尼龙绑扎带）距手套根部 50mm 固定	10	1. 在两层接地线之间未形成绝缘层扣 5 分 2. 冷缩手套未按沿逆时针方向抽掉内衬条扣 2 分 3. 两根接地线未固定扣 1 分 4. 填充胶绕包不密实扣 2 分
	9	安装冷缩绝缘管	1. 将冷缩绝缘管分别套入三相电缆根部与分支手套至少搭接 20mm，沿逆时针方向抽掉内衬条 2. 根据实际所需长度作标记，去掉多余冷缩管 3. 切除冷缩管不得伤及铜屏蔽层	5	1. 冷缩手套未按沿逆时针方向抽掉内衬条扣 2 分 2. 未作标记扣 1 分 3. 伤及铜屏蔽层扣 2 分

	序号	项 目 名 称	质 量 要 求	满分	得分或扣分
评 分 标 准	10	剥除铜屏蔽带	1. 根据实际所需长度作标记，去掉多余冷缩管 2. 距冷缩管断口向上量取 210mm 锯掉多余电缆 3. 冷缩绝缘管以上预留 15mm 铜屏蔽，其余剥除 4. 铜屏蔽应临时保护，不得散开 5. 剥除铜屏蔽时不得伤及绝缘屏蔽	5	1. 剥除铜屏蔽时伤及绝缘屏蔽扣 2 分 2. 铜屏蔽层散开扣 1 分
	11	剥除绝缘外半导电层	1. 自铜屏蔽切口向上预留 18mm 半导电屏蔽层，其余剥除 2. 剥切口半导电层处理成约 3mm 小斜坡型，并将电缆外半导电斜坡打磨光滑 3. 绝缘体和半导电锥形面过渡处的处理要平滑；用砂纸打磨时注意不要将绝缘屏蔽打磨到绝缘上	15	1. 剥除半导电层时伤及绝缘每处扣 3 分 2. 绝缘体和半导电锥形面过渡不平滑扣 3 分 3. 半导电断口不齐，有尖刺或凹槽扣 3 分 4. 半导电锥面断口前的绝缘体有半导电残留或凹槽扣 5 分
	12	剥切导体绝缘	自导体端部量取接线端子孔深加 20mm 切除电缆绝缘及导体屏蔽，并将绝缘切面进行 3mm 倒角 剥切绝缘时严禁损伤导体，切口平齐，倒角光滑	5	1. 剥切绝缘时伤及导体扣 1 分 2. 切除电缆绝缘尺寸每超过 2mm 扣 1 分 3. 切口不平齐，倒角不光滑扣 2 分
	13	打磨清洗	1. 用 100～240 号砂纸将电缆绝缘层打磨、清洗干净，无附着的半导电颗粒 2. 要求绝缘打磨光滑、干净，清洗时擦抹方向从绝缘层到半导电层，不得反向 3. 打磨绝缘时，将电缆导体临时保护	10	1. 主绝缘表面有可见凹痕、半导电残留及杂物等，每处扣 1 分 2. 酒精（专用清洁布）纸清洗时，如在半导电和绝缘体之间来回清洗，扣 3 分 3. 电缆导体未临时保护扣 1 分

	序号	项 目 名 称	质量要求	满分	得分或扣分
评 分 标 准	14	安装应力锥	1. 距外半导电层断口 7mm 向下用半导电自粘带将外半导电层与铜屏蔽之间的台阶或缝隙绕包成 20mm 高，屏蔽层外径加1.2～1.5mm 的半导体圆柱 2. 半导电自粘带拉伸率不得超过 35%，半重叠绕包 3. 将导体临时保护，在绝缘表面均匀涂抹一层硅脂 4. 将应力锥分别套入三相电缆绕包的半导电圆柱台阶处，挤出多余硅脂，清理干净，将应力锥用 PE 薄膜临时保护	10	1. 半导体圆柱不符合规定扣 5 分 2. 半导电自粘带拉伸率超过 35%，未半重叠绕包扣 2 分 3. 未用 PE 薄膜临时保护 1 分
	15	压接接线端子（为节约成本，可不压接）	1. 清洁导体，清洁接线端子，将接线端子套入导体 2. 选择吨位、模具配套的压接钳压接接线端子 3. 压接后不得有裂纹、棱角 4. 接线端子圆孔的方向必须与连接肘形绝缘头的方向一致	5	1. 未清洁导体和接线端子扣 1 分 2. 压接后有裂纹、棱角扣 3 分
	16	安装终端肘形插头	1. 清理干净应力锥，在应力锥表面均匀涂抹一层硅脂 2. 将三个肘形插头套入三相电缆应力锥上，直至接线端子顶部与肘形插头内部屏蔽层接触良好为止 3. 核对电缆相序，用相色带作标记	10	1. 应力锥表面未抹硅脂扣 3 分 2. 绝缘管根部未密封扣 2 分 3. 接线端子顶部与肘形插头内部屏蔽层未接触扣 4. 未核对电缆相序扣 1 分
	17	整理工器具、操作现场，填写安装记录	1. 工器具、剩余材料整理、清洁干净工作，现场清理干净 2. 记录填写准确、完整、规范	5	1. 现场未清理干净扣 1 分 2. 记录填写不准确、不完整扣 2 分

行业：电力工程　　　　工种：电缆安装工　　　等级：高/技师

编　号	C32B033	行为领域	e	鉴定范围	2
考核时限	3h	题　型	B	题　分	40

试题正文	35kV 交联聚乙烯电缆预制式终端头制作

需　要 说明的问 题和要求	1. 要求独立操作，另有一人协助 2. 考核提供的电缆为单芯交联聚乙烯系列电缆 3. 不作耐压试验 4. 计时自备齐工具、材料

工具、材料、 设备场地	1. 准备电工常用工具 1 套、电缆专用工具 1 套、卷尺 1 只 2. 准备制作电缆头用配套材料 3. 操作场地照明充足，天气晴朗 4. 提供考核用电缆 1 段

	序号	项目名称	质量要求	满分	得分或扣分
评 分 标 准	1	检查电缆及预制型终端头	检查电缆规格、预制型终端头型号、零件是否配套，擦洗各部件，确定电缆头有关尺寸及安装位置	5	检查不仔细及尺寸位置不明确各扣 2 分
	2	剥外护套、锯钢甲，剥内护套及填料	根据预制位置及手套安装位置，确定有关尺寸，完成项目要求	5	剥切方法不正确或尺寸绝缘有损伤各扣 5 分
	3	焊地线	钢甲及铜屏蔽应分别焊地线并应相互绝缘，同时应做防潮处理	3	少焊一根扣 3 分；达不到质量要求扣 2 分
	4	安装分支手套和密封管	在相芯分芯处热缩三指套，每相导体上垫一根密封管至手套根部，上端至预定位置密封热缩管涂胶端的位置应向下	3	密封热缩管位置不正确扣 2 分 　热缩方法不对扣 2 分
	5	锯掉多余电缆，剥密封管	根据预制型终端头号和电缆截面而定	1	

序号	项 目 名 称	质 量 要 求	满分	得 分 或 扣 分
6	剥半导电层	铜屏层自密封管口保留 20mm，外半导电层自铜屏层口保留 15mm，并处理成斜坡形	3	尺寸不对各扣 3 分 剥除半导电层伤及绝缘层扣 2 分
7	包半导电带	先用半导电带从铜屏口前 2mm 处到密封管断口覆盖，然后再铜屏层上包一宽 20mm 的圆柱体，圆柱体的直径应符合工艺要求	5	位置及包绕不正确各扣 3 分 圆柱体的直径不符合工艺要求扣 2 分
8	套入预制型终端头	绝缘层不可有半导电材料、尘土及伤痕，用 100～240 号砂纸打磨绝缘表面，用清洁剂清理绝缘层表面	8	
8.1	涂硅脂	确认预制头内壁洁净、无污物后，将硅脂均匀涂于内壁和电缆的绝缘层上		忘涂硅脂扣 1 分；内壁不清洁扣 1 分
8.2	套入终端头	终端头的应力锥下端与电缆上包的半导电圆柱体接触良好		套入位置不对扣 2 分
9	密封	擦净套终端头时挤出的硅脂，在端头底部电缆上包密封胶带	2	不符合要求扣 2 分
10	压接线端子	拆下导体上的临时包扎带，套入端子压接	3	端子选用不符合要求扣 3 分；压接不符合要求扣 2 分
11	安全文明生产	按国标安规及企业有关规定考核	2	违反一条扣 1 分

（评分标准）

编　号	C32B034	行为领域		e	鉴定范围	1
考核时限	4h	题　型		B	题　分	50

试题正文	油流法测量充油电缆漏油点

需　要 说明的问 题和要求	1. 主要由个人操作，辅助人员不可提示 2. 现场就地操作，文明施工 3. 油流法测充油电缆故障点原理如图 F-5 所示，具体演示所需器材及步骤可由测试者进行选择使用 图 F-5 4. 测试宜在电缆冷却及低温下进行

工具、材料、 设备场地	微量玻璃转子、流量计、阀门、塑料管、自粘胶带、供油压力箱、塞头、油嘴、电烙铁、焊锡、砂布、焊锡膏、破布、电工刀、扳手、绑扎线、锁紧"O"形夹等，两段等长充油电缆（一段完好、一段有漏油点）、现场施工或平台演示

评 分 标 准	序号	项 目 名 称	质 量 要 求	满分	得分或扣分
	1	说出油流法测充油电缆漏油点的原理	给出计算公式： $X=2LQ_1/(Q_1+Q_2)$ （X 为漏油点离测试点的距离，m；L 为电缆长度，m；Q_1 为连通完好相电缆的油流，m³/s；Q_2 为连通漏油相电缆的油流 m³/s；），说明漏油点油量与该途径长度的关系（经过不同途径到达漏油点的油量与该途径的长度成反比）	5	原理错误扣 5 分
	2	画出所采用的具体方法图形，并说出具体步骤	做图清晰、明了，意图明确，原理正确，与要求(4)基本相同	10	经提示正确每一处扣 2 分

285

	序号	项 目 名 称	质量要求	满分	得分或扣分
评 分 标 准	3	工器具选择 检查准备	齐全完备	4	漏项扣2分
	4	按自定施工 方法进行管路、 设备连接	无渗漏油现象,与设 定施工方法管路连接 比较应正确无误	7	每一处扣0.5分
	5	进行充油测 试并记录	与自定步骤无较大 出路,无渗漏油现象, 记录读数正确	8	每一错误扣1分
	6	按测试记录 计算漏油点位 置	计算正确无误	5	公式计算错误扣5分
	7	按计算结果 现场寻找漏油 点	应能寻找到漏油点	6	找不到扣6分
	8	比较测试结 果和实际结果, 分析产生误差 的原因(一般实 际点应比测试 计算点要近)	分析正确,条理清楚	5	分析不清扣5分

编　号	C21B035	行为领域	e	鉴定范围	
考核时限	120min	题　型	B	题　分	100

试题正文	按照图示剥切尺寸及工艺要求完成 110kV 电缆剥切

需 要 说明的问 题和要求	1. 单人独立操作，水平安装 2. 戴安全帽、穿工作服、绝缘鞋、配带个人工具 3. 工器具齐全。整个工作过程中要求材料摆放合理、清洁卫生 4. 液化气钢瓶、酒精、喷灯等易燃物品单独放置，操作前应认真检查燃气管接件有无松动、漏气 5. 电缆剥切尺寸如图 F-6 所示 6. 因操作不当造成材料超过配额使用或材料损毁者，视情节扣分 7. 每项操作扣分超出标准分后，按该项标准分扣分 <div align="center">YJLW02－64/110kV－1X630电缆剥切图</div> <div align="center">图 F-6</div>

工具、材料、设备场地	电动锯、手锯、专用剥切刀、卷尺、游标卡尺、直径尺、螺丝刀、电工刀、剪刀、记号笔、玻璃、液化气、喷枪、汽油、酒精、清洁纸、棉布、100～400 号砂纸、PVC胶带、口罩、护目镜、棉布手套、安装专用电缆支架、灭火器等

评分标准	序号	项 目 名 称	质 量 要 求	满分	得分或扣分
	1	服装、工器具及材料基本要求	1. 戴安全帽、穿工作服、绝缘鞋、配带个人工具 2. 工器具齐全。整个工作过程中要求工器具、材料摆放合理、清洁卫生 3. 液化气钢瓶、酒精、喷灯等易燃物品单独放置	2	1. 服装达不到要求扣 1 分 2. 工器具、材料摆放不合要求扣 1 分

	序号	项 目 名 称	质 量 要 求	满分	得分或扣分
评分标准	2	工器具准备，检查	完整齐备	3	漏一项扣1分
	3	选取参考点	1. 在距电缆端部约1000mm处做一标记作为参考点 2. 从参考点向上量取800mm，锯断电缆 3. 电缆断面必须平整，电缆导体切口不得成斜面或马蹄形	5	切开后电缆导体斜度超过1～2mm扣2分，超过2mm以上扣3分
	4	刮除外护套半导电层	1. 从参考点向下量取150mm，刮除此段外护套上的石墨导电层（半导电层） 2. 不得刮透护层绝缘 3. 完成后，不得有半导电层残留	3	1. 护层绝缘刮透扣1分 2. 有石磨导电层残留，每处扣1分
	5	剥除外护套	1. 参考点向上量取150mm，剥除这段外护套 2. 剥切外护套不得伤及铝护套；并将铝护套表面沥青防腐层清理干净	5	1. 外护层切口尺寸每超过标准值3mm扣1分 2. 铝护套表面有沥青残留扣2分
	6	去除波纹铝护层	1. 从电缆端部向下量取650mm，将铝护套锯断，去掉多余铝护套 2. 锯铝护套时，不得伤及铜布带和半导电带。切口应处理平整，无毛刺	5	1. 伤及半导电阻水带扣3分 2. 波纹铝护层切开后，切口斜度超过1～3mm扣1分，超过3mm以上扣2分 3. 铝护层切口有尖刺扣2分

288

	序号	项 目 名 称	质量要求	满分	得分或扣分
评 分 标 准	7	剥除半导电 阻水带	1. 从铝护套断开处 向上量取 20mm，并在 此绕包一层 PVC 带 　2. 从电缆端部开始， 向下剥除半导电阻水 带至 PVC 带保护处， 用电工刀割断半导电 带	2	1. 剥除半导电带时 不得损伤绝缘屏蔽 　2. 剥除半导电带损 伤绝缘屏蔽扣 2 分
	8	剥除绝缘屏 蔽	1. 从铝护套断开处 向上量取 150mm 作标 记 　2. 电缆端头向下用 剥切刀剥除绝缘屏蔽 至标记处，注意用剥切 刀剥绝缘屏蔽时要用 力均匀，剥切深度以恰 好露出绝缘体为宜 　3. 从铝护套断开处 向上量取 120mm，用玻 璃将两次标记间的绝 缘屏蔽刮成锥形 　4. 绝缘体和半导电 锥形面过渡处的处理 要平滑；用砂纸打磨时 注意不要将绝缘屏蔽 打磨到绝缘上。绝缘屏 蔽打磨完成后断口距 电缆端部 500mm±1mm	30	1. 绝缘体和半导电 锥形面过渡不平滑扣 10 分 　2. 半导电坡面有凹 凸，坡面不平滑，每处 扣 5 分 　3. 半导电断口不齐， 有超过 1～2 mm 的尖刺 或凹槽扣 5 分，超过 2 mm 以上的尖刺或凹 槽扣 10 分 　4. 半导电锥形面前 的绝缘体有半导电残留 或凹槽扣 8 分 　5. 半导电坡面打磨 后，露出绝缘者，扣 10 分
	9	剥切绝缘	1. 从电缆锯断处量 取 70mm 绝缘层做一标 记 　2. 从电缆端头剥除 绝缘层和导体屏蔽至 标记处，剥除导体半导 电层并露出导体 　3. 剥除绝缘时不得 伤及导体，露出的导体 不得散开。用 PVC 带 将导体保护，粘性 PVC 带保护必须用反面绕 包	10	1. 伤及导体扣 5 分 　2. 导体散开扣 3 分 　3. 未将导体临时保 护扣 2 分

	序号	项 目 名 称	质量要求	满分	得分或扣分
评 分 标 准	10	剥切反应力锥	1. 从电缆锯断处量取 140mm 绝缘层做一标记 2. 将标记至绝缘切断面之间的绝缘体削成锥形并用 150～400 号砂纸打磨光滑 3. 绝缘体锥形要削得平滑，锥体端部以刚好不露出导体屏蔽为宜	12	1. 反应力锥尺寸超过 1～5mm 扣 3 分，超过 5mm 以上扣 5 分 2. 剥切反应力锥伤及导体扣 5 分 3. 反应力锥打磨后表面有凹凸，不光滑，每处扣 2 分
	11	打磨主绝缘	1. 用 150～400 号砂纸将主绝缘打磨光滑 2. 用酒精将打磨好的电缆绝缘清洗干净，电吹风吹干，用保鲜膜临时保护 3. 用酒精纸清洗时方向必须从主绝缘到半导电，不得往返清洗。主绝缘表面无可见凹痕及杂物 4. 距反应力锥与绝缘屏蔽边缘 15mm 间距 100mm 量取打磨好的绝缘外径，共测量 4 个点，任何一处及四个测量点外径差不得大于 0.5mm	20	1. 主绝缘表面有可见凹痕、半导电残留及杂物等，每处扣 2 分 2. 电缆绝缘外径差大于 0.5～1mm，扣 5 分，大于 1mm 以上扣 10 分 3. 酒精纸清洗时，如在半导电和绝缘体之间来回清洗，扣 3 分 4. 打磨完成后，未用保鲜膜临时保护扣 2 分
	12	整理工器具、操作现场，填写安装记录	1. 工器具、剩余材料整理、清洁干净工作，现场清理干净 2. 记录填写准确、完整、规范	3	1. 现场未清理干净扣 1 分 2. 记录填写不准确、不完整扣 2 分

4.2.3 综合操作

行业：电力工程　　　　工种：电缆安装工　　　　等级：初/中

编　号	C54C036	行为领域		e	鉴定范围	1
考核时限	24h	题　型		C	题　分	60
试题正文	电缆桥架安装					
需要说明的问题和要求	1. 桥架安装用吊架或托架由测试人配制，桥架及其附件、连板、螺栓等由厂家供货，桥架规格、型号随意 2. 考察安装包括直线段、拐弯、与其他设备交叉升高、降低等及垂直段 3. 安全文明施工 4. 工具准备齐后开始计时，超时 1min 扣 1 分(可配合现场施工进行)					
工具、材料、设备场地	桥架及其附件、连板、螺丝等、电焊机、无齿锯、手锤、铅坠、直角尺、卷尺、水平、型钢、油漆、毛刷、电焊条、电焊电缆、电焊帽、护目镜、电焊钳、线绳、石笔、直尺、扳手、敲渣锤					

	序号	项目名称	质量要求	满分	得分或扣分
评 分 标 准	1	吊架或托架配制			
	1.1	型钢检查	外观无显著扭曲，切口无卷边毛刺，平直度不大于 L/1000mm（L 为型钢长度），下料后长短误差不大于 5mm	7	漏项扣 1 分
	1.2	吊架或托架制作	材料使用符合设计要求，制作规格符合桥架安装设计要求，制作尺寸偏差不大于 5mm，焊接牢固，焊缝饱满，油漆完整		每一项错误扣 2 分
	2	安装前检查			
	2.1	预埋件检查	布置符合设计，固定牢靠	11	漏项、错检一次扣 1 分
	2.2	吊架或托架、桥架及其附属件的检查	规格符合设计，外观无显著扭曲、变形，油漆完整，桥架锌层完整，配件齐全		漏一项扣 2 分

	序号	项目名称	质量要求	满分	得分或扣分
评 分 标 准	2.3	安全设施检查	安装现场干净、有序，架板搭设牢固		每项不符扣3分
	3				
	3.1	吊架或托架安装 安装位置及间距	安装位置标高符合设计要求，间距符合设计，首末端及拐弯、升高、降低处应有吊架	17	每一项错误扣3分
	3.2	安装偏差调整	水平布置高低偏差不大于5mm，垂直布置左右偏差不大于5mm，长高、降低处同坡度布置自然、美观固定牢固，横平竖直，焊缝饱满，无裂缝、虚、漏焊，全长接地良好，焊接牢固，无虚焊及中断点全长明显接地点不小于2处		每一项错误扣3分
	3.3	固定及接地			每一项错误扣3分
	3.4	油漆	油漆层完整，无滴流、花脸		不完整扣1分
	4	桥架安装组合			
	4.1	型号、规格、层数位置	符合设计	15	不合格扣2分
	4.2	桥架连接	螺帽在桥架外边，配件安装齐整、连接、牢固		每一处不合格扣1分
	4.3	桥架安装	水平布置支撑点距离应小于3m，与热力管道平行不小于1m，交叉不小于0.5m，层间净距不小于100mm，水平偏差不大于5mm，垂直偏差不大于5mm，桥架采用托臂安装时固定点距离应小于3m，铝合金桥架安装与钢支吊架接触应有防电化学腐蚀措施，桥架拐弯处转弯半径不应小于该桥架上电缆的最小弯曲半径的最大者	6	每一处不合格扣2分
	4.4	桥架接地	全长均良好接地，且明显接地点不小于2mm处，重复接地符合设计	4	不合格扣4分

编　　号	C43C037	行为领域		e	鉴定范围	
考核时限	2h	题　　型		C	题　　分	100
试题正文	10kV 交联电缆故障性质判断及故障距离测试					
需　要 说明的问 题和要求	1. 操作人员应穿绝缘鞋、长袖棉质工作服、戴安全帽 2. 测试现场应装设安全遮拦 3. 在人工设置故障电缆线路上进行 4. 测试前告知考生电缆故障的大致情况 5. 测试全过程必须严格遵守《安规》 6. 裁判在测试过程中发现有违反《安规》或操作规程的行为，有权制 止并停止操作，视情节扣分					
工具、材料、 设备场地	电缆故障测试设备一套；电缆故障记录；试验用三相短路试验接地线； 高压绝缘电阻表（2500V 或 5000V）；万用表；验电器；绝缘手套、放电 棒等，电缆故障模拟器（任选一种电缆故障）					

	序号	项 目 名 称	质量要求	满分	得分或扣分
评 分 标 准	1	工器具、故障 测试准备	1. 测试人员服装符合要求 2. 检查故障测试设备、连接线、绝缘垫等是否齐全 3. 查阅电缆线路故障的原始记录（按竞赛提供故障情况描述）	5	1. 未穿劳保工作服、未戴合格的安全帽，每项扣1分 2. 未清点工器具、设备扣1分 3. 工器具、设备未摆放整齐扣1分 4. 未查阅电缆线路故障的原始记录扣2分
	2	安全措施执行	1. 办理技能鉴定用电缆线路工作票（或抢修）并进行安全、技术交底、签字 2. 工作前需经裁判许可，在试验现场装设安全遮拦，向外悬挂安全警示牌 3. 试验前对电缆进行验电，放电，接地，验电、放电、接地过程必须戴绝缘手套 4. 将电缆两端导体分开，符合试验安全距离要求	5	1. 未办理工作票、未经裁判许可开始工作扣2分 2. 未验电、放电等扣5分 3. 验电、放电、接地过程未带绝缘手套扣3分 4. 装设遮拦、悬挂标示牌、验电、放电、接地等安全措施每漏一项扣3分 5. 未将两端电缆导体分开至符合安全距离要求扣2分

	序号	项 目 名 称	质 量 要 求	满分	得分或扣分
评 分 标 准	3	故障性质判断： 1. 检查、故障设备、绝缘电阻表、万用表等是否良好 2. 故障电缆试验 3. 判断电缆故障性质	1. 绝缘电阻表开路指针投应指示"∞"，短路时指示"0"；万用表置于欧姆档，将指针调零 2. 用万用表测量电缆三相对地及相间的电阻值，并将测试结果记录报表内 3. 用绝缘电阻表逐相测量电缆对地绝缘电阻，进行一相导体测量时，另外两相导体和铠装层一起接地，对地绝缘电阻测量完毕后，用放电棒对测试相进行放电、接地，将测试结果记录报表内 4. 如绝缘电阻表无法判断故障性质，应采用高压试验判断。升压前应检查升压设备接线及整体测试系统的接线是否正确，设备是否完好，安全距离符合规程要求，安全防护措施齐备（包括各部位的接地线、高压引线、表计倍率；调压器、电源开关的位置） 5. 在升压中应集中精力不得闲聊，随时警戒异常发生。操作人员应带绝缘手套并站在绝缘垫上。升压速度应升压速度保持 1～2kV/s 均匀升压，并及时呼唱 6. 变更接线时，应首先断开电源、放电，并将升压设备的高压部分及被测设备分别短路接地	30	1. 未对仪器、表计进行检查扣 5 分 2. 使用万用表方法错误扣 3 分 3. 接线方法错误扣 2 分 4. 进行一相对地绝缘电阻测量时，另外两相导体未接地扣 3 分 5. 绝缘电阻表转速不均匀（120r/min 左右）扣 2 分 6. 绝缘电阻表脱手、停顿扣 5 分 7. 试验后未经放电棒放电扣 3 分 8. 放电、接地未戴绝缘手套扣 3 分 9. 用万用表测试故障相对地电阻值或故障相间电阻值方法错误扣 5 分 10. 电阻值测试结果错误扣 3 分 11. 连续性试验、接地故障、相间短路故障测试数据错漏一处扣 3 分 12. 电缆故障性质判断错误扣 15 分（接地电阻值小于 10Ω 为金属性接地故障，电阻值为10～100Ω为低阻故障，电阻值大于100Ω为高阻故障） 13. 升压速度过快或过慢、不均匀扣 2 分

序号	项目名称	质量要求	满分	得分或扣分
4	测量故障电缆全长	1. 正确设置波速、范围等测试参数（测试方式选择低压脉冲法，交联电缆波速为172m/µs） 2. 对完好相电缆进行全长测试，测出的波形应正确、清晰，长度准确，要求打印电缆全长波形	10	1. 参数设置错误扣2分 2. 波形错误扣10分 3. 测出的电缆全长与实际全长相比，误差在±15m内不扣分，误差在±30m之间扣2分，误差在±50m之间扣5分，误差大于±50m扣10分 4. 测试波形未打印扣3分
5	故障距离粗测： 1. 根据故障性质正确选择测试方法 2. 设备接线 3. 设定测试参数 4. 测量电缆故障点距离	1. 接地电阻值小于100Ω选择低压脉冲法，电阻值高于100～50MΩ选择脉冲电流法或高压闪络法 2. 根据测试方法，正确进行设备接线 3. 正确设置测试方式、波速、范围等测试参数（交联电缆波速为172m/µs，选择的范围应大于电缆全长） 4. 要进行升高压测试时，应经裁判检查接线并许可后才可工作，升压速度保持1～2kV/s均匀升压 5. 测出的波形应正确、清晰，正确定位故障距离，要求打印故障距离波形 6. 测试工作完成后，应首先断开电源、放电，并将升压设备的高压部分及被测设备分别短路接地	40	1. 测试方法选择错误扣10分 2. 设备接线错误扣5分 3. 参数设置每错一处扣2分 4. 未经裁判许可擅自升压扣5分 5. 升压速度过快或过慢、不均匀扣2分 6. 波形错误扣10分，波形不清晰扣2分 7. 测出的电缆全长与实际故障距离相比，误差在±15m内不扣分，误差在±30之间扣2分，误差在±50m之间扣15分，误差大于±50m扣25分 8. 电缆故障距离波形未打印扣5分 9. 测试工作完成后，未断开电源、放电，将升压设备的高压部分及被测设备分别短路接地扣5分

评

分

标

准

	序号	项 目 名 称	质 量 要 求	满分	得 分 或 扣 分
评 分 标 准	6	填写故障测试记录	各项测试记录字迹工整、正确、清晰，数据有单位标识	5	1. 字迹不清晰扣1分 2. 数据错漏扣1分 3. 数据没有单位标识扣1分
	7	结束工作	试验工作结束后，进行设备收线，拆除接地线、安全遮拦、标识牌，工器具及设备摆放整齐，工完场清。报告工作结束	5	1. 遗漏一处扣1分 2. 未汇报工作结束扣1分

行业：电力工程　　　　工种：电缆安装工　　　　等级：高/技师

编　号	C32C038	行为领域		e	鉴定范围	1
考核时限	4h	题　　型		C	题　　分	50
试题正文	35kV 及以下交联电力电缆的敷设及工艺质量验评					
需　要 说明的问 题和要求	1. 施工现场考察被测试者的综合施工能力 2. 多人辅助施工，被测试者指挥，人工敷设电缆 3. 电缆已运输到位，已做到安全、施工技术交底 4. 安全文明施工，如遇事故应停止考察 5. 测试内容：隧道内支架、厂房内桥架、电缆沟内的综合敷设 6. 施工中被测试者及时记录每一个自检点内容，以便同测试要求规范 验标对照 7. 工具准备齐后，开始计时					
工具、材料、 设备场地	施工现场，多种型号规格电力控制电缆，敷设电缆用工器具材料包括： 尼龙扎带、绑扎线、断线钳、斜口钳、钢丝钳、电缆盘支撑架、黑胶布、 自粘带、电缆标志牌、锯弓、钢锯条、对讲机、口哨、敷设清册、图纸、 破布等					

	序号	项目名称	质量要求	满分	得分或扣分
评 分 标 准	1	施工前准备			
	1.1	施工用工器具、材料、物品选择准备	齐全、完备	10	漏一项扣 0.4 分
	1.2	电缆检查	型号、电压、规格符合设计要求，绝缘电阻符合规范，外观无损伤，长度符合设计要求		漏检、检错每项扣 0.5 分
	1.3	电缆敷设路径检查	通道畅通，排水良好，照明、通风良好，脚手架搭设牢固 支架、吊架、桥架齐全无损伤，油漆完整		漏检、错检每项扣 0.5 分
	1.4	电缆盘固定	放线架放置稳妥，钢轴强度、长度与电缆盘重量、宽度匹配，盘边缘离地不得小于 100mm		漏检、错选一项扣 0.2 分
	1.5	人员配置	配置合理		不合理扣 1 分

297

	序号	项 目 名 称	质 量 要 求	满分	得分或扣分
	2	电缆敷设			
	2.1	电缆牵引及端头密封	从盘上方引出，不得在支架及地面摩擦拖拉，电缆不得扭曲，弯结施放，端头包扎严密，防潮密封可靠	20	施工错误一处扣 0.1 分
	2.2	敷设路径	符合设计		一项不符合扣 2 分
评	2.3	敷设温度	符合规范		一项不符合扣 2 分
分	2.4	电缆弯曲半径	符合规范		每一处不符合扣 0.5 分
标	2.5	电缆与热力管道设备净距	平行、交叉净距均符合规范		每一处不合格扣 0.5 分
准	2.6	电缆间平行、交叉净距	符合设计或规范		每一处不合格扣 0.5 分
	2.7	断面布置	符合设计或规范		每一处不合格扣 0.2 分
	2.8	外观检查	排列整齐，弯度一致，少交叉		每一处不合格扣 0.2 分
	2.9	电缆备用长度预留	电缆头及接头附近可做 1～2 个电缆头或接头长度		每一根不合格扣 0.1 分
	2.10	电缆标志牌挂设	符合规范		每一处不合格扣 0.2 分

	序号	项目名称	质量要求	满分	得分或扣分
评分标准	3	电缆固定		8	
	3.1	电缆支持点间距	符合设计或规范		每一处不合格扣 0.1 分
	3.2	固定点位置	符合规范		一项不符合扣 0.1 分
	3.3	电缆固定夹具型式	符合设计或力求统一		每一处错误扣 0.1 分
	3.4	固定强度及保护	固定、牢固，符合规范		每一处错误扣 0.1 分
	4	敷设后检查			
	4.1	电缆外观检查	无机械损伤	12	每出现一处扣 0.2 分
	4.2	电缆孔洞处理	符合规范		每一处错误扣 0.2 分
	4.3	电缆防火封堵检查			
		封堵材料检查	符合设计或阻火要求		不合格一项扣 2 分
		封堵点检查	符合设计要求无漏点		每一处错误扣 0.2 分
		封堵质量工艺检查	符合设计要求，封堵均匀密实		每一处错误扣 0.2 分
		电缆沟、隧道检查	防水层无损坏，盖板齐全完好		每处错误扣 0.1 分

编　号	C21C039	行为领域		e	鉴定范围	1
考核时限	8h	题　型		C	题　分	50
试题正文	简略编制一份电缆工程施工方案					
需要说明的问题和要求	1. 要求独立编制 2. 要提出相关的图纸、技术资料 3. 提供安装规程和安全规程等有关条例 4. 提供相关专业的有关资料					
工具、材料、设备场地	1. 准备相应的表格、稿纸，用笔自选 2. 要有一套办公桌椅					

	序号	项目名称	质量要求	满分	得分或扣分
评 分 标 准	1	书写要求	字形字迹规范、工整，易于辨认	2	不符合要求扣3分
	2	施工准备的编制	对图纸及附属设备的型号、规格、数量及安装部位的要求	3	
	3	了解土建、机、炉安装工程的有关情况	与土建等有关专业的工程交接验收手续的要求有哪些	3	编制时忽略此点扣5分
	4	电缆支架及保护管的制作安装	编制时按规范进行，要有施工工序卡	2	达不到规范要求扣2分
	5	了解电缆桥架的到货情况	对材质、防腐等项的具体要求有哪些	2	
	6			38	
	6.1	电缆敷设			
	6.1.1	施工准备 熟悉图纸及《电缆敷设顺序表》，制作电缆标志牌	顺序表及标志牌的具体项目列表清楚		6.1.1～6.1.5项每缺一项各扣2分

	序号	项 目 名 称	质 量 要 求	满分	得分或扣分
评 分 标 准	6.1.2	检查现场	对敷设路径及附属设施的要求要清楚,对照明及其电压等级及安全设施的要求写清楚		
	6.1.3	电缆施放场地	运输敷设方便,地面平整,且不属交叉作业		
	6.1.4	领料	领料单的开列要符合设计、清册,电缆盘敷设顺序标明正确		
	6.1.5	对所敷设电缆的绝缘测量	填写应详尽		
	6.2				
	6.2.1	电缆敷设前24h 的平均温度监测	编写时提出电缆敷设时的温度要求		
	6.2.2	人员配备要求	敷设人员配备多少为宜,怎样分布,什么样的人员才合格		6.2.1～6.2.9 项每少开一项各扣 2 分
	6.2.3	电缆敷设过程	对电缆盘转向要求,怎样避免损伤电缆,高压电缆断口的密封要求		
	6.2.4	电缆的排列	对排列顺序及断面的要求怎样		

301

	序号	项 目 名 称	质 量 要 求	满分	得分或扣分
评 分 标 准	6.2.5	对电缆穿管 的要求	怎样穿管,怎样清理 管内积水杂物		
	6.2.6	直埋电缆的 敷设	敷设方法及裕度		
	6.2.7	电缆的固定	水平段、坡段、垂直 段的固定要求		
	6.2.8	电缆挂牌	何处挂牌,怎样挂牌		
	6.2.9	防火封堵及 其他	怎样做好防火封堵, 对直埋电缆有何要求, 竖井管口有何要求		
	6.3	电缆接线			
	6.3.1	施工准备	对施工现场,接线工 具及材料的准备要求		6.3.1～6.3.3 项每少 列一项各扣 3 分
	6.3.2	电缆的整理	对电缆的数量、规 格、弯曲度、钢甲的处 理,电缆头制作位置等 要求详细		
	6.3.3	电缆接线	对接线工具、线头弯 圆方向、大小、紧固件、 弯曲度、号头字迹、相 色、屏蔽层及接地等项 的要求		

行业：电力工程　　　　工种：电缆安装工　　　等级：技师/高技

编　　号	C21C040	行为领域		e	鉴定范围	1
考核时限	8h	题　　型		C	题　　分	50
试题正文	编制一份 300MW 火电机组电缆专业的施工组织设计书					
需　　要说明的问题和要求	1. 独立编写，编写中的具体顺序可有所不同，但包含的内容应完整2. 提供施工组织总设计和有关施工图纸、技术资料3. 提供相关的专业施工规范、质检标准、安全规程4. 提供相关专业的相关资料，具体施工进度等5. 材料准备齐全后开始计时，超时 1min 扣 2 分6. 书写清晰、规范字迹工整，易于辨认，根据具体情况可扣 1～5 分					
工具、材料、设备场地	文具用品、纸、笔、尺、办公桌椅					

	序号	项目名称	质量要求	满分	得分或扣分
评分标准	1	工程概况			
	1.1	工程规模、工程量	用词简洁明了，工程规模、工程量无错误，无漏项，数字详细(包括外包及外包加工量)，含电缆、支吊架、桥架、保护管、电缆头工程量	9	符合要求扣 3 分
	1.2	设备材料，设计特点	表述无误，与设计对照无漏项		不符合要求扣 2 分
	1.3	施工方法措施选择	采用方法合理先进，措施选择得当无误		不符合要求扣 2 分
	2	平面布置、临时建筑的布置与结构	符合环保要求，设计布局合理、费用低	4	不符合要求扣 3 分
	3	主要施工措施		19	
	3.1	保护管制安	步骤正确，工艺先进合理，符合规范和质检验标准及设计要求。安全施工符合规程		不符合要求每处扣 1 分

303

序号	项 目 名 称	质量要求	满分	得分或扣分
3.2	支吊架、桥架制安	步骤工艺正确，含选材、下料、组合、安装、刷漆，安全施工工艺质量符合规范质检标准及设计要求		不符合要求每处扣1分
3.3	电缆敷设	要求步骤具体，积极引用新工艺，含运输、选型、敷设、安全施工，工艺质量符合规范质检标准及设计		不符合要求每处扣1分
3.4	电缆头制作	积极引进新型先进材料工艺，施工步骤清晰、明确，工艺规范质评标准明确，符合设计要求，安全施工要求明确		不符合要求每处扣1分
3.5	防火封堵施工	列出具体施工方法、工艺要求、安全施工、注意事项		不符合要求每处扣1分
4	有关机组启动试运的准备工作	符合启动试运标准，列出具体要求及目标	2	不符合要求每处扣1分
5	施工技术及物资供应计划	施工图纸交付进度，物资材料供应计划，机械及主要工器具配备计划	3	不符合要求每处扣1分

评分标准

	序号	项目名称	质量要求	满分	得分或扣分
评 分 标 准	6	开竣工日期，主要项目控制进度	符合合同要求及施工组织总设计要求，同其他专业的进度配合，施工进度无误，主要项目进度目标包括支吊架、桥架、电缆敷设、防火封堵，电缆头制作	4	不符合要求每处扣1分
	7	劳力组织	列出每阶段的施工人员需求，总的劳力组织情况及施工人员组成的比例情况	3	不符合要求每处扣1分
	8	技术培训计划	列出需培训内容、目标、人员组成、时间要求	3	不符合要求每处扣1分
	9	主要技术质量指标和保证质量、安全新技术革新项目等主要技术措施	目标明确，要求具体，落实明确	3	不符合要求每处扣1分

编　　号	C21C041	行为领域		鉴定范围	
考核时限	2h	题　　型		题　分	100
试题正文	编制一份220kV交联电缆户外终端（瓷套管）安装组织说明书				
需　要 说明的问 题和要求	1. 根据220kV户外终端安装图纸及工艺独立编写，编写中的流程、工序可能根据安装工艺的不同进行调整，但包含的内容应完整 2. 提供施工组织总设计和有关施工图纸、技术资料 3. 提供相关的专业施工规范、质检标准、安全规程 4. 材料准备齐全后开始计时，超时1min扣2分 5. 书写清晰，规范字迹工整，易于辨认，根据具体情况可扣1～5分 6. 安装全过程均应用温、湿度计监测天气是否符合工艺要求				
工具、材料、 设备场地	文具用品、纸、笔、尺、办公桌椅				

	序号	项目名称	质量要求	满分	得分或扣分
评 分 标 准	1	工程概况		10	
	1.1	工程规模、施工人员组成	工程规模叙述简洁、准确（包括线路名称、电缆规格、安装地点等、施工负责人、施工人员等）	2	不符合要求扣2分
	1.2	附件类型、设计特点	查阅电缆及附件、户外终端塔（构架）设计图纸是否相符	3	不符合要求扣3分
	1.3	施工现场、电缆户外终端塔（构架）勘验	与安装、设计共同检查需安装电缆的两端安全措施是否具符合安全规程要求	3	不符合要求扣3分
	1.4	施工方案选择	根据电缆附件及户外终端塔（构架）设计图纸及现场实际情况，编制科学的施工方案	2	不符合要求扣2分

序号	项目名称	质量要求	满分	得分或扣分
2	施工准备		15	
2.1	安装工器具、耗材准备;检查附件、现场等	1. 检查安装工器具、耗材准备是否齐全、充足 2. 与物资供应部门（附件制造商）共同检查电缆附件与设计是否相符、是否齐全、有无损坏等 3. 安装现场、环境及施工电源等是否符合电缆附件安装要求 4. 安全现场是否符合安全规程要求 5. 与业主共同检查、核对电缆相位是否正确、外护层绝缘是否合格	8	不符合要求每处扣2分
2.2	电缆施工平台、防雨篷搭建	1. 户外终端塔（构架）施工平台搭建牢固、合理，符合安全要求 2. 户外终端塔（构架）防雨篷搭建牢固、防雨、防尘 3. 防雨棚内施工电源、照明等齐全	4	不符合要求每处扣1分
2.3	检查户外电缆固定	1. 检查电缆固定金具是否牢固 2. 电缆户外终端支撑钢构是否水平、法兰孔距是否与设计相符	3	不符合要求每处扣1分
3	附件安装		65	
3.1	电缆户外终端瓷套管长度测量	1. 根据工艺安装图纸、复核到货瓷套管长度是否准确、有无超出公差 2. 根据每相瓷套管长度和安装图纸计算出电缆剥切尺寸	5	不符合要求每处扣2分

评分标准

307

	序号	项 目 名 称	质量要求	满分	得分或扣分
评 分 标 准	3.2	加热校直电缆	1. 量取约200mm长电缆裕度，锯掉多余电缆 2. 安装户外终端金属法兰支撑绝缘子、金属法兰等 3. 根据安装工艺尺寸，剥除电缆外护层、金属护套，用符合工艺要求的加热装置加热电缆 4. 加热完成后角铝固定、校直电缆	5	不符合要求每处扣1分
	3.3	电缆外护层处理	1. 根据电缆金属护层的类型进行金属护层处理（去除氧化层、镀锡等） 2. 按工艺要求长度刮除电缆外护套上的半导电层	5	不符合要求每处扣2分
	3.4	电缆半导电断口、绝缘表面、反应力锥等处理	1. 剥切户外终端电缆外护层、外半导电层、绝缘层、反应力锥等 2. 处理外半导电层断口、打磨主绝缘层，并按照安装图纸复核尺寸 3. 对处理好的电缆临时清洁、吹干、防水密封 4. 测量、记录电缆绝缘、绝缘半导电屏蔽层外径尺寸	15	不符合要求每处扣3分
	3.5	压接接线端子	1. 按照安装工艺图复核尺寸 2. 根据工艺要求选择合适的压接钳压接接线端子 3. 密封接线端子、导体、反应力锥等	5	不符合要求每处扣1分

	序号	项 目 名 称	质 量 要 求	满分	得分或扣分
评 分 标 准	3.6	套入尾部密封件	根据安装工艺，套入尾管、密封橡胶圈、热缩管等密封件	5	不符合要求扣5分
	3.7	应力锥、瓷套管组装	1. 再次用600号以上砂纸打磨、清洁，用热风枪对电缆绝缘表面进行加热、除湿 2. 记录每相应力锥、户外瓷套管编号等 3. 按照工艺要求套装应力锥 4. 应力锥尾部密封 5. 吊装电缆户外瓷套管，固定瓷套管、金属法兰绝缘子等	10	不符合要求每处扣2分
	3.8	密封电缆尾管	1. 安装电缆金属尾管 2. 接地线（封铅）焊接 3. 按照工艺要求密封尾管	5	不符合要求每处扣1分
	3.9	充油	1. 按照工艺要求在瓷套管内注入绝缘油 2. 油面高度应符合工艺要求，并测量、记录油面高度尺寸	5	不符合要求每处扣2分
	3.10	顶部金具安装、密封	按照工艺要求安装户外套管顶部密封金具	5	不符合要求扣5分
	4	清理现场、填写安装记录	1. 清理施工现场 2. 根据记录数据正确填写安装记录并签字	5	不符合要求每处扣2分
	5	移交工程资料、验收	1. 移交安装记录等竣工资料 2. 配合业主、设计、安装等单位进行工程验收 3. 工程竣工移交	5	不符合要求每处扣1分

5 试卷样例

中级电缆安装工知识要求试卷

一、选择题（每题 1 分，共 22 分）

下列每题都有 4 个答案，其中只有一个正确答案，将正确答案的代号填入括号内。

1. 两根平行导线通过相同方向的电流时，则两根导线受到的电磁力作用方向是（　　）。

（A）导线向同一侧运动；（B）导线靠拢；（C）导线分开；（D）导线无反应。

2. 按测量机构分类，电能表属于（　　）仪表。

（A）磁电式；（B）电磁式；（C）电动式；（D）感应式。

3. 在三相四线制保护接零系统中，单相三线插座的保护接线端可以与（　　）相连。

（A）接地干线；（B）工作零线孔；（C）保护零线；（D）自来水或暖气等金属管线。

4. 交联聚乙烯电力电缆的型号中其绝缘材料的代号为（　　）。

（A）Y；（B）YJ；（C）PVC；（D）V。

5. 敷设在混凝土管、陶瓷管、石棉水泥管内的电缆宜使用（　　）护套的电缆。

（A）铅；（B）塑料；（C）没有；（D）铝。

6. 交联聚乙烯绝缘、聚乙烯护套的电力电缆导体长期允许工作温度不超过（　　）℃。

（A）60；（B）65；（C）90；（D）100。

7. 一般情况下对于 380V、4kW 电机可配用（　　）A 的闸刀开关。

（A）10；（B）15；（C）20；（D）30。

8. 使用汽油喷灯时，油筒内加油不得超过油筒容积的（　　）。

（A）1/3；（B）3/4；（C）2/3；（D）4/5。

9. 在施工现场，机动车辆载货时，车速不得超过（　　）km/h。

（A）3；（B）5；（C）10；（D）15。

10. 使用剪刀剪切 1mm 以下的薄铁板时，剪刀口的张口角度应保持在（　　）之内，超过它后，剪刀口和板料间摩擦力减小会出现滑动。

（A）15°；（B）30°；（C）45°；（D）60°。

11. 铰孔的质量与铰削余量有关，若铰 21～32mm 直径的孔应留余量为（　　）mm。

（A）0.3；（B）0.5；（C）0.8；（D）0.6。

12. 錾子的楔角一般是根据不同錾切材料而定，錾切碳素钢或普通铸铁时，其楔角应磨成（　　）。

（A）30°；（B）40°；（C）45°；（D）60°。

13. 电光性眼炎是电弧光中强烈的（　　）造成的。

（A）红外线；（B）紫外线；（C）可见光；（D）强光。

14. 焊接厚大工件时，应（　　）来加大火焰能量。

（A）更换较大的喷嘴；（B）提高气体压力；（C）加大氧气流量；（D）加大乙炔流量。

15. 开挖直埋电缆沟前，只有确知无地下管线时，才允许用机械开挖，机械挖沟应距运行电缆（　　）m 以外。

（A）1.5；（B）2；（C）3；（D）0.8。

16. 聚氯乙烯绝缘的电缆线路无中间接头时，最高允许短路时温度为（　　）℃。

（A）100；（B）120；（C）150；（D）200。

17. WSY–10/3×185 表示（　　）热缩电缆附件的型号。

（A）10kV 三芯交联聚乙烯电缆户内热缩终端头；（B）10kV 三芯交联聚乙烯电缆户外热缩终端头；（C）10kV 三芯交联聚乙烯电缆热缩接头；（D）10kV 三芯油浸低绝缘电缆热缩接头。

18. 10kV 以下铜芯电缆短路允许最高温度为（　　　）℃。

（A）200；（B）220；（C）250；（D）280。

19. 10kV–3×185 交联聚乙烯电缆户内终端头制作时，剥除半导体层时，应力（　　　）以上的半导体层。

（A）所剥切铜带 20mm；（B）所剥切铜带 10mm；（C）所剥切铜带 5mm；（D）所剥切铜带同等长度。

20. 电缆热缩材料绝缘管的长度一般为（　　　）mm。

（A）500；（B）700；（C）600；（D）1000。

21. 绝缘体和半导体，导体的区别在于（　　　）不同。

（A）电阻；（B）导电机理；（C）电阻率；（D）导电性能。

22. 试验现场应装设围栏，向外悬挂（　　　）警示牌，并派人看守，勿使外人接近或误入试验现场。

（A）禁止合闸，有人工作；（B）止步，高压危险；（C）禁止攀登，高压危险；（D）已送电，严禁操作。

二、**判断题**（每题 1 分，共 23 分）

判断下列描述是否正确，对的在括号内打"√"，错的在括号内打"×"。

1. 只要有电流存在，其周围必然有磁场。　　　　　（　　　）

2. W 和 kWh 都是功的单位。　　　　　　　　　　（　　　）

3. NPN 三极管具有电流放大作用，它导通的必要条件是发射结加反向电压，集电结加正向电压。　　　　　（　　　）

4. 载流导体在磁场中受到力的作用。　　　　　　　（　　　）

5. 聚氯乙烯绝缘钢带铠装聚氯乙烯护套电力电缆的型号为铜 VLV22，铝 VV22。　　　　　　　　　　　　（　　　）

6. 在电缆沟中两边有电缆支架时，架间水平净距最小允许值为 1m。　　　　　　　　　　　　　　　　　　（　　　）

7. 电缆支架全长均应有良好的接地。　　　　　　　（　　　）

8. 控制电缆终端应采用一般包扎，接头应有防潮措施。
（　　）

9. 使用喷灯前应进行各项检查，并拧紧加油孔，螺丝不准有漏气、漏油现象，喷灯未烧热前不得打气。（　　）

10. 绝缘材料的耐热等级，根据某极限工作温度分为七级，其中 Y 为 90℃，E 为 120℃。（　　）

11. 爆炸性气体，可燃蒸气与空气混合形成爆炸性气体，混合的场所，按危险程度分为 0、1、2 三个区域等级。
（　　）

12. 若铠装电缆由下向上穿过零序互感器，电缆终端头及地线安装在零序电流互感器之上时，接地线应自上而下穿过零序电流互感器。（　　）

13. 三视图的投影规律，可总结为长对正、高平齐、宽相等。（　　）

14. 电气设备对地电压 250V 及以上为高压，对地电压 250V 以下为低压。（　　）

15. 电气一次原理图一般由主变压器、断路器、隔离开关、电流互感器、电压互感器、避雷器及母线输电导线等设备所组成。（　　）

16. 电缆沟内的金属结构物均应全部镀锌或涂以防锈漆。
（　　）

17. 在测定绝缘电阻吸收比时，应该先把绝缘电阻表摇到额定转速，再把火线引搭上，并从搭上时开始计算时间。
（　　）

18. NTC 型户内电缆终端盒是的"N"表示户内，"T"表示手套，"C"表示瓷质材料。（　　）

19. 电缆引入电气设备或接线盒内，其进线口应密封。
（　　）

20. 护层保护器的主要元件是非线性电阻。（　　）

21. 在多条并列电缆敷设时，要从中判别哪一条是停电的

电缆，可用感应法，将电缆判别出来。 （　　）

22. 遇带电电气设备着火时，应使用泡沫灭火器。（　　）

23. 对架空线路等空中设备进行灭火时，人体位置与带电体之间的仰角不应超过 45°，以防导线断落危及灭火人员的安全。 （　　）

三、简答题（每题 5 分，共 10 分）

1. 对于电缆导体连接点的机械强度有何要求?

2. 控制二次回路接线应符合哪些要求?

四、计算题（每题 5 分，共 15 分）

1. 有一三相负荷，其有功功率 P=20kW，无功功率 Q=15kVA，求功率因数 $\cos\varphi$?

2. 求图 G-1 中 m1 和 m2 点之间的等效电阻。

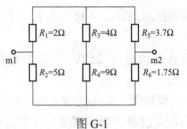

图 G-1

3. 封铅焊条的配比以纯铅 65%，纯锡 35% 为宜，现有 21kg 纯锡，问能配多少合格的封铅。

五、绘图题（每题 10 分，共 20 分）

1. 根据立体图如图所示，画出三面投影图。

2. 画出环氧树脂复合物的配制示意图。

六、论述题（10 分）

半导电材料的性能是什么?怎样用它来消除电应力?

中级电缆安装工技能操作试题

一、电缆保护管弯制（30 分）

二、E–2–200 型电缆支架制作（20 分）

三、固定式低压配电盘柜安装（焊接固定）（50分）

中级电缆安装工知识要求试卷答案

一、选择题

1.（B）；2.（D）；3.（C）；4.（B）；5.（C）；6.（C）；7.（D）；
8.（B）；9.（B）；10.（A）；11.（A）；12.（D）；13.（B）；14.（A）；
15.（B）；16.（B）；17.（B）；18.（B）；19.（A）；20.（C）；
21.（C）；22.（B）。

二、判断题

1.（√）；2.（×）；3.（×）；4.（×）；5.（×）；6.（×）；
7.（√）；8.（√）；9.（√）；10.（√）；11.（√）；12.（√）；
13.（√）；14.（√）；15.（√）；16.（√）；17.（√）；18.（√）；
19.（√）；20.（√）；21.（C）；22.（×）；23.（√）。

三、简答题

1. 答：连接点的机械强度，一般低于电缆导体本身的抗拉强度，对于固定敷设的电力电缆，其连接点的抗拉强度要求不低于导体本身抗拉强度的60%。

2. 答：（1）按图施工接线正确；

（2）导线的电气连接应牢固可靠；

（3）盘柜内的导线不应有接头，导体线应无损伤；

（4）电缆导体端部应标明其回路编号，编号应正确，字迹清晰且不易脱色；

（5）配线应整齐、清晰、美观，导线绝缘应良好、无损；

（6）每个接线端子的每侧接线宜为一根。

四、计算题

1. 解：容量 $S=\sqrt{P^2+Q^2}=\sqrt{20^2+15^2}=25$（kVA）

$\cos\varphi=P/S=20/25=0.8$

答：功率因数为0.8。

2. 解：先将原电路 R_3、R_4 改为 $R_{34}=13\Omega$，并将 R_1、R_2、

R_{34} 组成的三角形改为星形，电路如图 G-2 所示。

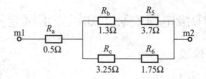

图 G-2

则 $R_a = \dfrac{R_1 R_2}{R_1 + R_2 + R_{34}} = \dfrac{2 \times 5}{2 + 5 + 13} = 0.5$（Ω）

$R_b = \dfrac{R_1 R_{34}}{R_1 + R_2 + R_{34}} = \dfrac{2 \times 13}{2 + 5 + 13} = 1.3$（Ω）

$R_c = \dfrac{R_2 R_{34}}{R_1 + R_2 + R_{34}} = \dfrac{5 \times 13}{2 + 5 + 13} = 3.25$（Ω）

所以总电阻

$$R_{m1m2} = R_a + \frac{(R_b + R_5)(R_c + R_6)}{R_b + R_5 + R_c + R_6}$$

$$= 0.5 + \frac{(1.3 + 3.7)(3.25 + 1.75)}{1.3 + 3.7 + 3.25 + 1.75} = 3\,(\Omega)$$

答：m1 和 m2 点之间的等效电阻为 3Ω。

3. 解：21÷35%=60（kg）

答：能配 60kg 合格的封铅。

五、绘图题

1. 答：如图 G-3 所示。

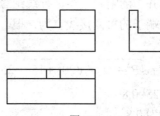

图 G-3

2. 答：如图 G-4 所示。

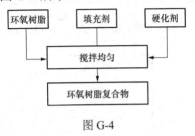

图 G-4

六、论述题

答：半导电材料是一种导电性能介于导体和绝缘体之间的一类用途很广的电气材料。在电气电缆结构中，为了使绝缘导体和导体、绝缘层和金属护套有良好的接触，均在其中增加一层半导体层，其电阻率为 $105\sim107\Omega\cdot cm$，它且有电屏蔽作用，同时可吸附杂质、离子，增加绝缘的稳定性。

在电缆头制作中，由于需将金属护套和绝缘层割断，导体连接处截面加大，附加绝缘的厚度，介质常数与电缆本体绝缘不同等原因，电缆头内的电场分布较之电缆本身发生较大的变化，这种变化主要表现在产生了沿电缆绝缘表面（轴向）方向的电场强度。

为了消除上述现象，改善电场分布，包绕或热缩半导体材料，通过分布电容与电阻的作用，达到消除电应力的目的。

中级电缆安装工技能操作试题答案

一、答：电缆保护管弯制见表 5-1。

表 5-1　　　　　　　电缆保护管弯制

编　号	C54A015	行为领域		e	鉴定范围	1
考核时限	30min	题　型		A	题　分	30
试题正文	电缆保护管弯制					
需　要说明的问题和要求	1. 单人操作协助人不可做指导性工作 2. 施工平台演示，工具材料备齐后开始计时，超时 1min 扣 2 分 3. 注意安全，正确使用防护用品 4. 按规定尺寸弯制保护管不刷漆 5. 施工具体步骤按个人习惯					

工具、材料、设备场地	弯管机1台（手动、电动均可）、无齿锯1台、圆锉、半圆锉、平锉各1个、护目镜、手套、钢丝刷、黑色水煤气管（$\phi40$、4m）、直角尺、钢卷尺、试电笔、施工平台

	序号	项 目 名 称	质量要求	满分	得分或扣分
评 分 标 准	1	施工工器具准备 备齐所用工器具，并检查所领用材料质量	齐全、完备	3	漏项扣1分
	2	接好待用器具电源	操作正确、安全施工	3	不正确扣1分
	3	保护管弯制 使用弯管机弯制保护管	椭圆度、弯曲半径符合规范、模具选择正确、弯曲度符合要求	10	每一项不合格扣2分
	4	按规定尺寸截取保护管长度	尺寸准确，误差不大于3mm，管口平齐	8	每一项不合格扣1分
	5	保护管管口打磨，除锈	管口无毛刺、锐边，管子表面光滑、无锈蚀、斑点	6	每一处不合格扣1分

二、答：**E-2-200** 型电缆支架制作见表 5-2。

表 5-2 　　　　　　　　　　**E-2-200** 型电缆支架制作

编　号	C54A007	行为领域	e	鉴定范围	1
考核时限	60min	题　　型	A	题　　分	20

试题正文	E-2-200 型电缆支架制作				

| 需　要
说明的问
题和要求 | 1. 要求单独操作
2. 制作现场要有平台
3. 戴安全帽、劳保手套、护目镜
4. 注意防触电
5. 工具材料备齐开始计时 | | | | |

| 工具、材料、
设备场地 | 1. 在施工平台上操作
2. 切割机或剪冲机，卷尺、直角尺、手锤、石笔、电焊机、电焊工具、
焊条
3. 角钢 L 40×40×4、长 400mm；L30×30×3、长 70mm | | | | |

	序号	项 目 名 称	质量要求	满分	得分或扣分
评 分 标 准	1	下料、打毛刺	尺寸准确、无毛刺，不超过±2mm	3	超过要求扣 5 分
	2	焊接	无显著变形、牢固	5	变形显著扣 5 分
	3	横撑间距要求	误差不大于 3mm	2	间距大于 3mm 扣 5 分
	4	平直度要求	误差不大于 L/1000	3	平直度大于要求扣 5 分
	5	外观检查	无显著扭曲，切口无卷边、毛刺	5	达不到要求扣 5 分
	6	安全用品、用具的使用	正确佩戴	2	不按要求扣 2 分

三、答：固定式低压配电盘柜安装（焊接固定）见表 5-3。

表 5-3　　固定式低压配电盘柜安装（焊接固定）

编　号	C04B030	行为领域	e	鉴定范围	1
考核时限	8h	题　型	B	题　分	50
试题正文	固定式低压配电盘柜安装（焊接固定）				
需要说明的问题和要求	1. 现场操作，其他工种及人员配合施工，不得对测试安装操作工艺、工序指导决性示性行为 2. 提供临时可靠的电源 3. 注意安全，文明操作 4. 工具准备齐后，开始计时，超时 1min 扣 2 分				
工具、材料、设备场地	电焊机、电焊工具、撬棍、木锤、线坠、水平、米尺、直角拐尺、垫铁、扳手、平口、十字花螺丝刀、试灯、滚杠、搬运小车、粉线				

	序号	项目名称	质量要求	满分	得分或扣分
评分标准	1	安装前检查，盘柜基础	使用材料及尺寸符合设计要求，不直度小于 5mm/全长，水平度小于 5mm/全长，位置误差及不平行度小于 5mm/全长，应有明显可靠接地，接地点不小于 2 点，基础与地面标高差+20mm，设备正确，无受潮、漆层，无脱落	10	漏检一项或错检一项扣 3 分
	2	盘柜安装			
	2.1	安装方式	先找出中间一块，然后两侧依次拼装或先找最前或最后一块，再依次拼装，若有母线桥时应注意对正位置	40	盘柜损坏扣 8 分；方式不对扣 5 分
	2.2	盘体就位找正	间隔布置符合设计，盘体垂直度不大于 1.5/1000H（H 为盘高），水平误差：相邻盘顶部小于 1.5mm，成列盘顶部小于 4mm。盘面不平度相邻两盘边：成列盘小于 4mm，盘间接缝小于 1.5mm		不符合一项扣 4 分

	序号	项 目 名 称	质 量 要 求	满分	得分或扣分
评 分 标 准	2.3	盘体固定、接地	焊接部位盘底四角为 20～40mm 长，固定牢固，紧固件齐全完好，表面镀锌，紧固螺栓露扣 2～5 丝扣，盘底座与基础导通良好，要有 2 点及以上接地，装有电气可开启门的应用软导线可靠接地		不符合一项扣 4 分
	2.4	盘上设备安装	盘上设备及表计型号符合设计，外观齐全完好，二次回路符合图纸设计要求，载流体相间及对地距离不小于12mm，表面漏电距离大于 120mm，二次回路带电体对地距离不小于 4mm，二次回路带电体表面漏电距离不小于 16mm，盘面油漆完整无返锈，盘面标志齐全清晰		不符合一项扣 4 分

6 组卷方案

6.1 理论知识考试组卷方案

技能鉴定理论知识试卷每卷不应少于五种题型，其题量为45～60题（试卷的题型与题量的分配，参照表6-1）。

表6-1 试卷的题型与题量分配（组卷方案）表

题　型	鉴定工种等级		配　分	
	初级、中级	高级工、技师	初级、中级	高级工、技师
选择	20题（1～2分/题）	20题（1～2分/题）	20～40	20～40
判断	20题（1～2分/题）	20题（1～2分/题）	20～40	20～40
简答/论述	5题（6分/题）	5题（5分/题）	30	25
绘图/论述	1题（10分/题）	1题（5分/题） 2题（10分/题）	10	15
总计	45～55	47～60	100	100

高级技师的试卷，可根据实际情况参照技师试卷命题，综合性、论述性的内容比重加大。

6.2 技能操作考核方案

对于技能操作试卷，库内每一个工种的各技术等级下，应最少保证有5套试卷（考核方案），每套试卷应由2～3项典型操作或标准化作业组成，其选项内容互为补充，不得重复。

技能操作考核由实际操作与口试或技术答辩两项内容组成，初、中级工实际操作加口试进行，技术答辩一般只应在高级工、技师、高级技师中进行，并根据实际情况确定其组织方式和答辩内容。